保存版

関西大改造 2030

万博を機に変わる 大阪・京都・兵庫

川又 英紀 ほか 著
日経クロステック、日経アーキテクチュア 編

はじめに

2025年国際博覧会（大阪・関西万博）がいよいよ、2025年4月13日に開幕します。残り120日を切り、会場となる大阪・夢洲ではパビリオンの工事は山場を迎えました。世界最大級の木造建築物になる大屋根（リング）は円形につながり、国内勢のパビリオンは建物が完成しつつあります。日本館や大阪パビリオン、催事場や展示場も立ち上がり、25年2月ごろには竣工を迎えそうです。

一方、海外パビリオンは開幕直前まで工事が続きます。ユニークな形や素材のパビリオンが多く、見応えある建物の輪郭が姿を現し始めました。開幕に間に合うことを願うばかりです。

万博の恩恵を受けるのは、地元の大阪や近隣の京都・兵庫でしょう。なかでも大阪は、万博イヤーをターゲットに再開発プロジェクトが幾つも進行中。玄関口となるJR大阪駅や梅田（うめきた）周辺は街の景色が激変します。

24年9月に一部が先行開業した「グラングリーン大阪」は、大阪駅前に広大な緑を設ける前代未聞のプロジェクト。「うめきた公園」は早くも市民や観光客の憩いの場となり、大勢の人でにぎわっています。公園を囲むように、真新しいビルが25年春までに一斉にオープンします。

大阪市内の大動脈である御堂筋沿いや水都を象徴する堂島・中之島エリアも、新施設の開業ラッシュに沸いています。高級ホテルや展望テラス、美術館といった観光客が押し寄せそうな新スポットが目白押しです。新型コロナウイルス禍を抜け、インバウンド（訪日外国人）でごった返す心斎橋・なんばの買い物エリアにも近く、活気づいています。

大阪を訪れる人たちを京都や兵庫に呼び込もうとする動きも目立ちます。人気の京都は、スモールラグジュアリーホテルの開業が相次いでいます。1泊10万円を超える客室も珍しくありません。外資系ホテルの進出ラッシュで、宿泊の選択肢が増えています。兵庫は神戸の海沿いに近いエリアで、集客施設が完成。京阪とは異なる魅力を打ち出し、人々が足を伸ばすのを期待しています。

技術系のネット媒体「日経クロステック（https://xtech.nikkei.com/）」と建築雑誌「日経アーキテクチュア」は、様変わりする関西の姿を追い続けています。現場の取材から、万博が開催される2025年からその数年先までの計画が次々と判明。「大阪IR」も動き出し、2030年台前半まで大規模な施設やマンションが増え続ける見通しです。同時に交通網や歩道の整備も進みます。

本書は大阪を中心に京都や兵庫まで網羅し、かつ大阪・関西万博の建設状況をどこよりも早く、詳しく紹介しています。写真満載の現地リポートと建築メディアならではの専門的な視点で、100年に一度とも言われる「関西大改造」の真の姿をお伝えします。

日経クロステック／
日経アーキテクチュア
川又 英紀

contents

1 はじめに

第1章 関西最前線

6 グラングリーン大阪
「うめきた公園」など全体街開きへ

12 万博を機に高級ホテルの進出ラッシュ
京都・大阪でしのぎを削る外資系

17 パビリオンや施設の最新状況
大阪・関西万博 2025年4月13日開幕

22 世界最大の木造建築物が誕生
万博のシンボル「大屋根リング」

26 建築家・藤本壮介氏に4つの質問
万博 会場デザインプロデューサーに聞く

30 正念場の海外パビリオン
個性際立つ「万博の華」パース公開

34 大阪IRの開業が現実に
日本初のカジノ誕生は「ほぼ確実」

第2章 大阪・関西万博

40 万博パビリオンの現在地
工事の最前線を総まくり、国内勢の迫力施設

42 **Part1 個性派ぞろいの民間パビリオン**
飯田グループホールディングス
飯田グループ×大阪公立大学共同出展館
西陣織パビリオンは真っ赤な花
曲面だらけ鉄骨フレームと膜材

46 電気事業連合会
電力館 可能性のタマゴたち
銀色タマゴの割れ目から黒鉄骨
宇宙基地のような架構の電力館

48 パソナグループ
PASONA NATUREVERSE
アンモナイトや巻き貝に着想
パソナのパビリオンは移築前提

50 日本ガス協会
ガスパビリオン おばけワンダーランド
三角屋根の連なりを覆う新素材
内部がひんやり「お化け」の施設

51 パナソニックホールディングス
パナソニックグループパビリオン「ノモの国」
8の字フレームを最高15m積層
薄い外装膜は竣工直前に取り付け

54 三菱大阪・関西万博総合委員会
三菱未来館
仮設材で仕上げた「浮かぶ建築」
建物の下に雨宿りができる空洞

58 NTT
NTT Pavilion
NTT館は小さな銀色の布をまとう
構造材に糸のような炭素繊維ワイヤ

61 住友 EXPO2025 推進委員会
住友館
ヒノキとスギで覆うパビリオン
住友グループの母なる別子銅山に着想

64 ゼリ・ジャパン
BLUE OCEAN DOME
竹、CFRP、紙管を使う3つのドーム
海をテーマに坂茂氏が新素材で設計

66 バンダイナムコホールディングス
GUNDAM NEXT FUTURE PAVILION
17mガンダムの「上頭式」開催
新作映像で宇宙の暮らしを展示

68 **Part2 目玉のシグネチャーパビリオン**
中島さち子プロデューサー
いのちの遊び場 クラゲ館
白い傘から伸びる木パーツ触手
小堀哲夫氏が木材再利用を設計

70 河瀬直美プロデューサー
Dialogue Theater ―いのちのあかし―
廃校3棟を移築するシアター
落書き残る木造柱など再構築

71	**河森正治プロデューサー** いのちめぐる冒険 大阪湾の海水練りコンクリート キューブ50個以上置く新素材館
72	**シグネチャーパビリオンは奇想天外** 8人8様の個性が爆発
74	**落合陽一プロデューサー** null² ヌルヌル館は「動くファサード」 風景がゆがむ世界初のミラー膜
78	**石黒浩プロデューサー** いのちの未来 水膜に覆われた真っ黒なパビリオン 滝の水が見えやすい外装材を選択
80	**宮田裕章プロデューサー** Better Co-Being 屋根も壁もないSANAAの天蓋 森の中にアートや虹、球体が出現
83	**福岡伸一プロデューサー** いのち動的平衡館 無柱空間で光のインスタレーション サスペンション膜構造のうねる屋根
86	**小山薫堂プロデューサー** EARTH MART 隈研吾氏設計の茅ぶき屋根集落 産地5カ所からススキ・ヨシ調達
89	**Part3 威信を懸けた開催地パビリオン** 大阪府・大阪市など 大阪ヘルスケアパビリオン Nest for Reborn 透明なETFE膜屋根に水を流す 「鳥の巣」で再生表現する健康館
91	**日本政府**（経済産業省、国土交通省近畿地方整備局） 日本館 560枚のCLTパネルを円形配置 循環を表す日本館は木壁の迷宮
93	**リシュモン ジャパン** ウーマンズ パビリオン in collaboration with Cartier ドバイから大阪へ部材リユース 外装膜の再構成は「難解パズル」

99	**黄金アンテナと風の催事場が誕生** EXPOホール 「シャインハット」 EXPOナショナルデーホール 「レイガーデン」
100	インタビュー 伊東 豊雄 氏 黄金の円形屋根は「太陽の塔」意識 現在と過去の万博を行き来する
103	設計者 平田晃久氏の風へのこだわり 海に向かって延びる帯状スラブ スロープでつなぐナショナルデー会場
106	**次代を担う若手20組 注目の「トイレ2」** 「残念石」が京都から大阪・夢洲へ
107	休憩所やトイレなど設計した若手20組 建築概要や最新パースを一挙公開
112	**Part4 交通アクセス** 夢洲駅 最寄り駅が25年1月19日開業 大阪駅から電車で約30分
115	**Part5 課題は山積み** メタンガス 万博協会が爆発事故で安全対策 ガスの侵入抑制や排出、監視を強化
117	防災実施計画 地震や台風、火災などへの対応策 「夢洲孤立」時は大屋根などに滞在

第3章 大阪

120	**グラングリーン大阪** 「うめきた公園」など先行開業 駅前一等地でランドスケープファーストの大開発
124	**KITTE大阪** JPタワー大阪内に旧中央郵便局を曳き家 モダニズム建築をアトリウムに空間ごと保存
130	**大阪梅田ツインタワーズ・サウス** 木立のような建築で街に活力 「都市貢献」で足元の公共空間も一体整備

138 | **ONE DOJIMA PROJECT**
タワマンと高級ホテルが合体
住宅と境目ない「ワンフォルムデザイン」の秘密

144 | **パークタワー大阪堂島浜**
マンションとホテル合体タワーがもう1棟
三井不動産グループが堂島浜で27年開業

146 | **大阪中之島美術館**
黒箱を貫く立体パッサージュ
正面つくらず四方の通路と大開口で地域結節点に

154 | **藤田美術館**
展示室前をガラス張りで開く
高い塀を撤去して土間と茶店に誘う

161 | 御堂筋、堂島、中之島で再開発ラッシュ
大阪中心部にオフィスやタワマンが急増

164 | **大阪堂島浜タワー**
大阪三菱ビル跡地に143mタワー
16階に展望施設、ホテルに露天風呂

167 | **大阪ガスビルディング**
御堂筋の象徴「ガスビル」を保存改修
モダニズム建築と33階建ての西館共存

170 | **心斎橋プロジェクト** (仮称)
心斎橋の交差点にエリア最大級ビル
ヒューリックと竹中工務店などが協業

172 | **東京建物三津寺ビルディング**
寺院取り込む高層ホテル
江戸期の本堂を新築ビル低層部に曳き家

180 | **茨木市文化・子育て複合施設 おにクル**
「立体公園」型で大胆に複合
全階貫く「縦の道」で自由に使える市民の場をつなぐ

186 | **大阪マルビル建て替えプロジェクト** (仮称)
192mタワーは円筒形を継承
「回る電光掲示板」も復活

第4章 京都

188 | **シックスセンシズ 京都**
段違いの庭が連続するホテル
高低差6mの奥深い敷地を強みに

196 | **デュシタニ京都**
西本願寺のそばにタイの新顔
小学校跡地で高級ホテルを開発

200 | **ヒルトン京都**
中心部のホテル跡地で300室超え
京都で勢力を急拡大するヒルトン

202 | **帝国ホテル 京都**
帝国ホテルが悲願の祇園進出
新素研の榊田倫之氏が内装デザイン

204 | **丸福樓**
任天堂の旧本社社屋をホテルに改修
約90年前の建築様式や内装を残す

208 | **バンヤンツリー・東山 京都**
隈研吾氏デザインの天然温泉付きホテル
東山山麓の竹林を再整備して能舞台設置

211 | 京都に新しいエンタメ施設
ニンテンドーミュージアムとチームラボに注目

212 | **京都市美術館** (京都市京セラ美術館)
保存と活用の難題を両立
可逆性のある改修と大胆な改修をミックス

第5章 兵庫

222 | **神戸須磨シーワールド・須磨海浜公園**
神戸須磨の水族館と公園刷新
旧施設建て替えやホテル新設をPark-PFIで推進

232 | **禅坊 靖寧**
緑に浮かぶ木造座禅道場
全長約100mの巨大建築、細部に坂茂氏の妙技

プロジェクトデータの見方

取り上げたプロジェクトや開発計画の概要データは主に、「1.所在地 2.発注者、事業者 3.設計者 4.施工者 5.竣工時期 6.オープン時期 7.主構造 8.階数 9.延べ面積」を記載した。「—」は未定や非公表、不明を示す。プロジェクトの冒頭に記した年数は、おおむね竣工年。「年度」で公表されている場合は原則として、次年扱いとした。プロジェクト名は仮称や略称を含む。

第1章

関西最前線

ノースパークやひらめきの道の一部は、27年度まで開発が続く（写真：特記以外は吉田 誠）

27年度

グラングリーン大阪
「うめきた公園」など全体街開きへ

うめきた公園のサウスパークを取り囲む周辺の再開発ビルは、建物がほぼ完成している

南館　JPタワー大阪　イノゲート大阪　グランフロント大阪　JR大阪駅

北街区で建設中の「分譲棟」は完売。愛車を眺められる住戸もある（出所：積水ハウス）

グラングリーン大阪の最終的な完成イメージ（出所：開発事業者JV9社）

北街区の北端で「分譲棟」の建設が進む。マンションからうめきた公園を見下ろせる

分譲棟（THE NORTH RESIDENCE）

JR大阪駅周辺マップ（出所：日経クロステック）

北街区と南街区を結ぶひらめきの道の橋はまだ通行できない

ひらめきの道は現在、南館の手前まで通行可能。らせん階段「ゲートランタン」が目を引く

ノースパークで開館した文化施設「VS.」はコンクリートの建物が緑に覆われていく

VS.の地下空間からノースパークにできる滝の石壁まで抜けられるようになる（出所：日建設計）

VS.のホワイエ。建設中であるノースパークの滝に通じる空中回廊が既に用意されている

ノースパークの完成イメージ。滝を含め、水辺空間が今後整備される（出所：JV9社）

駅近の「南館」開業へ

25年3月

2025年3月21日にグラングリーン大阪の「南館」が開業する（出所：開発事業者JV9社）

南館の建物は既に竣工している。オフィスやレストラン、ホテル、店舗などができる

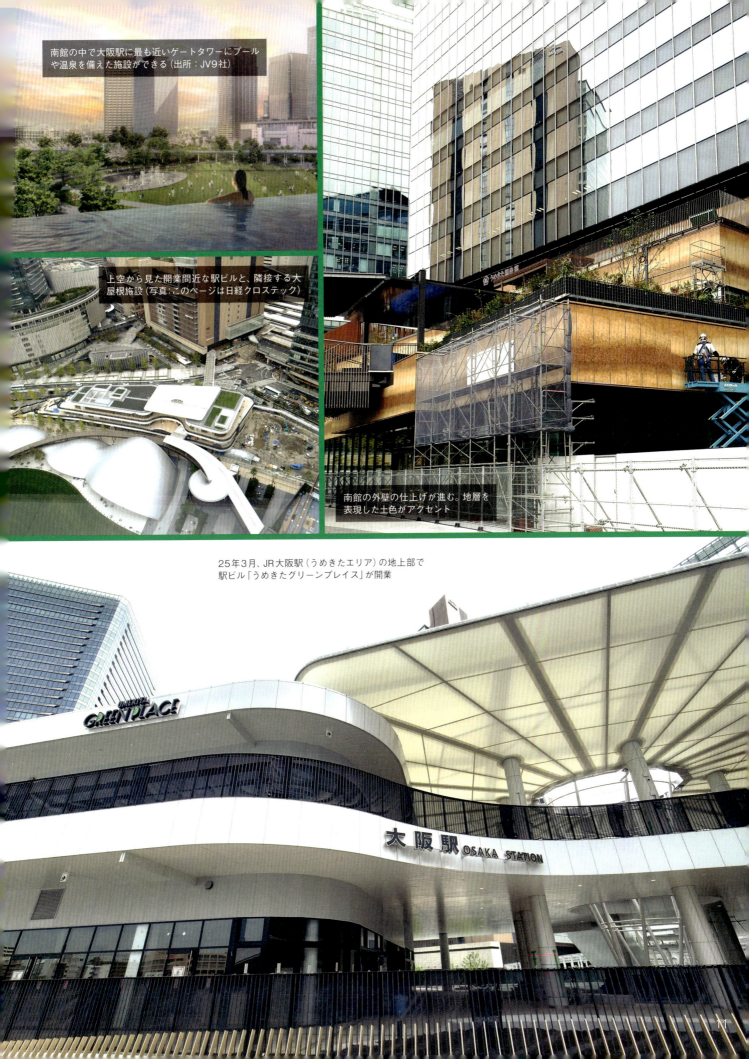

23〜27年

万博を機にホテル進出ラッシュ
京都・大阪でしのぎを削る外資系アジアと欧米の高級ホテルが激突

2025年の大阪・関西万博を前に、関西はホテルの開業ラッシュに沸いている。中でも外資系のラグジュアリーホテルの進出が目立つ。京都と大阪のホテル開発を一覧で比較すると、地域の特徴や戦略の違いが浮き彫りになった。

外資系の高級ホテルが狙う当面の顧客は、万博で来日する海外の富裕層だ。スタートダッシュに成功しようともくろむ。京都にできるホテルの外観は、23年に進出した「デュシタニ京都」を筆頭に和風モダンが主流である。24年4月に開業した「シックスセンシズ 京都」や同年8月オープンの「バンヤンツリー・東山 京都」もそうだ。アジアで人気のブランドが日本初進出の地に京都を選んだ。

24年9月に開業した「ヒルトン京

外資系のスモールラグジュアリーホテルが京都に集結

デュシタニ京都

西本願寺の近くに、タイの高級ホテル「デュシタニ京都」が2023年9月に誕生。敷地は小学校の跡地（写真：生田 将人）

シックスセンシズ 京都

24年4月には京都国立博物館の隣に「シックスセンシズ 京都」がオープン（写真：生田 将人）

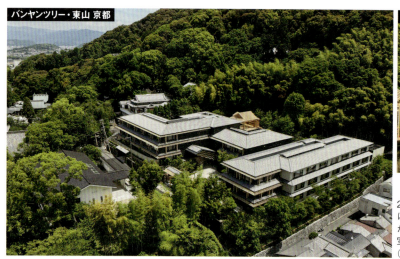

バンヤンツリー・東山 京都

能舞台

24年8月に開業した「バンヤンツリー・東山 京都」は、市内を見下ろす高台にある。館内には隈研吾氏がデザインした能舞台や、天然温泉付きのスパや客室（一部）を設けた
（写真：左はバンヤン・グループ、上は日経クロステック）

25年にもシンガポールの「カペラ京都」が進出
（出所：NTT都市開発）

京都の外資系高級ホテルでは近年珍しい大規模ホテル「ヒルトン京都」が24年9月に開業
（写真：東京建物、ヒルトン京都）

迎え撃つ日本勢の最有力は、祇園に進出する「帝国ホテル 京都」。弥栄会館の一部を保存
（出所：帝国ホテル）

京都市内で計画されている主な外資系の高級ホテル

ホテル名	デュシタニ京都	シックスセンシズ 京都	バンヤンツリー・東山 京都	ヒルトン京都
事業者	安田不動産	東山閣	ウェルス・マネジメントグループ	東京建物
所在エリア	西洞院町	東山	東山	河原町
階数	地下2階・地上4階	地下2階・地上4階	地下1階・地上4階	地下2階・地上9階
客室数	147室	81室	52室	313室
敷地面積	約4700m²	約4800m²	約5850m²	約3520m²
延べ面積	約1万7400m²	約1万1100m²	約7100m²	約2万5830m²
構造	鉄筋コンクリート造、鉄骨造、一部鉄骨鉄筋コンクリート造	鉄筋コンクリート造、一部鉄骨造	—	鉄筋コンクリート造、一部鉄骨鉄筋コンクリート造
デザイン	PIA Interior（客室・共用部デザイン）、デザインポスト（レストランデザイン）	BLINK Design Group（インテリアデザイン）	隈研吾建築都市設計事務所（デザインアーキテクト）、DWP International（インテリアデザイン）、橋本夕紀夫デザインスタジオ（客室デザイン）	橋本夕紀夫デザインスタジオ（内装デザイン）
設計者	戸田建設	清水建設	東洋設計事務所、入江三宅設計事務所	竹中工務店
施工者	戸田建設	清水建設	清水建設	竹中工務店
開業時期	23年9月	24年4月	24年8月	24年9月

ホテル名	シャングリ・ラ 京都二条城（仮称）	カペラ京都	京都相国寺門前町計画（仮称）	帝国ホテル 京都
事業者	シャングリ・ラ京都二条城特定目的会社	NTT都市開発	三菱地所	帝国ホテル
所在エリア	二条城近く	東山	相国寺門前町	祇園
階数	地下1階・地上4階	地下2階・地上4階	地下1階・地上3階	地下2階・地上7階
客室数	約80室	89室（予定）	135室（予定）	55室
敷地面積	約5800m²	約4000m²	約1万2000m²	約3600m²
延べ面積	約1万2000m²	約1万5700m²	約2万m²	約1万m²
構造	鉄筋コンクリート造、一部鉄骨造	鉄筋コンクリート造、一部鉄骨造	鉄筋コンクリート造、一部鉄骨造	鉄骨鉄筋コンクリート造、鉄筋コンクリート造、鉄骨造
デザイン	—	隈研吾建築都市設計事務所（設計監修）、Brewin Design Office（内装デザイン）	—	新素材研究所（内装デザイン）
設計者	大成建設	大建設計	三菱地所設計	大林組
施工者	大成建設	熊谷組・古瀬組JV	—	大林組
開業予定時期	26年	25年	27年度	26年春

2024年11月時点で判明している主な外資系ブランドの高級ホテル開発情報や取材を基にまとめた。今後変更になる可能性がある。比較のため、外資系ではないが最後に帝国ホテルの計画も掲載した（出所：日経クロステック）

「大阪の顔」を奪い合う頂上対決

タイ系の「センタラグランドホテル大阪」は23年7月に難波で開業。設計・施工した大成建設が事業者に名を連ねる
（写真：センタラグランドホテル大阪）

東京建物のタワーマンションと合体した「フォーシーズンズホテル大阪」が24年8月に堂島で開業（写真：日経クロステック）

都」は例外的。外資系では珍しく、300室超の大型ホテルである。

　25～27年も進出が続く。京都市は17年に「上質宿泊施設誘致制度」を開始。富裕層が滞在したくなる高級ホテルを戦略的に増やしてきた。

　外資系の攻勢が強まる中、「帝国ホテル 京都」が26年春にも祇園に登場する。総事業費は約124億円。登録有形文化財である弥栄会館の一部を

パティーナ大阪

カペラホテルグループの「パティーナ大阪」は大阪城公園の目の前
（写真：NTT都市開発）

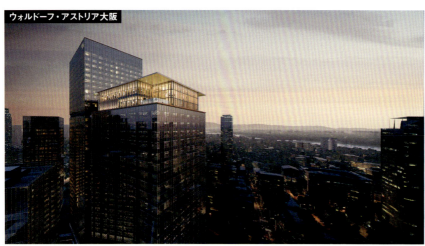
ウォルドーフ・アストリア大阪

ヒルトンの最上級ホテル「ウォルドーフ・アストリア大阪」は大阪駅近くの「グラングリーン大阪」で建設しているビル（南館）の高層部に入居する。既に建物にサインが取り付けられている（右）
（出所：グラングリーン大阪開発事業者JV9社、写真：日経クロステック）

保存し、劇場建築の趣を残すホテルを建てる。

隈研吾氏に監修依頼が殺到

ホテルの設計やデザインを任される会社は絞られている。突出するのが隈研吾建築都市設計事務所だ。20年に「エースホテル京都」を開業したNTT都市開発は、25年にもシンガポールの「カペラ京都」を日本に初めて誘致する。エースもカペラもデザイン監修は隈事務所に依頼している。

カペラは小学校跡地にホテルを建て、隣接する宮川町歌舞練場も同時に建て替える。外装には花街で見かける木組みの大庇や竹スクリーンを使う計画だ。ウェルス・マネジメントグループが開発したバンヤンツリー・東山 京都の建築デザインもまた、隈事務所である。

「大阪の迎賓館」を担うのは誰か

ホテルの規模が制限される京都とは対照的に、大阪は21年開業の「W Osaka」以降、大型の高級ホテルが急増している。客室数は200室を超えるところが多い。高級ホテルが少なかった大阪は、25年の万博に向けて開発が加速中。新旧の高級ブランドによる頂上対決が勃発しそうだ。

カペラホテルグループの「パティーナ大阪」やヒルトンの「ウォルドーフ・アストリア大阪」は、豪華さが売り物だ。マリオット・インターナショナルの「大阪ステーションホテル、オートグラフ コレクション」や、タイが地盤の「センタラグランドホテル大阪」など、日本初進出の大型ホテルが続々オープンする。

日本での知名度でいえば、24年8月に堂島で開業した「フォーシーズンズホテル大阪」が際立つ。東京建物とHotel Properties Limited（HPL）が開発した複合タワー「ONE DOJIMA PROJECT」に分譲マンションと"同居"する。近くには競合の「コンラッド大阪」がある。

ホテル業界で衝撃が走ったのは「リーガロイヤルホテル（大阪）」の売却劇である。「大阪の迎賓館」として親しまれてきた老舗を抱えるロイヤルホテルが、リーガロイヤルホテル（大阪）の土地と建物の信託受益権などを不動産投資会社ベントール・グリーンオーク・グループ（BGO）に譲渡。譲渡益は約150億円に上る。

BGOは約135億円を投じ、吉田五十八（1894〜1974年）が設計に関わったホテルを改修。IHGホテルズ

グラングリーン大阪で24年9月に先行開業したヒルトン系の高級ホテル「キャノピーbyヒルトン大阪梅田」（写真：吉田 誠）

大阪駅に近接するJPタワー大阪の高層部に「THE OSAKA STATION HOTEL, Autograph Collection」が入居（写真：日経クロステック）

「大阪の迎賓館」と呼ばれてきた老舗ホテル「リーガロイヤルホテル（大阪）」は外資系と組み、約1000室を約1年かけて改装し、完了したフロアから提供して巻き返しを図る（写真：ロイヤルホテル）

改装後のイメージ。ロイヤルグリーンを基調とする（出所：上の2点はロイヤルホテル）

大阪市内で計画されている主な外資系の高級ホテル

ホテル名	センタラグランドホテル大阪	THE OSAKA STATION HOTEL, Autograph Collection	フォーシーズンズホテル大阪
事業者	Centara Osaka特定目的会社（センタラホテルズ&リゾーツ、大成建設、関電不動産開発）	JR西日本ホテル開発	東京建物、Hotel Properties Limited（HPL）
所在エリア	難波	梅田	堂島
階数	地上33階	複合施設「JPタワー大阪」の地上1階及び29～38階	複合施設「ONE DOJIMA PROJECT」の地下1～地上2階及び28～37階
客室数	515室	418室	175室
敷地面積	約4400m²	—	—
延べ面積	約3万9000m²	約3万6500m²	—
構造	鉄骨造、一部CRT造	—	鉄筋コンクリート造、鉄骨造
デザイン	日建スペースデザイン、AvroKO、大成建設（いずれもインテリア設計）	A.N.D.（インテリアデザイン）、FOO	キュリオシティ、SIMPLICITY、デザインスタジオ・スピン（いずれもインテリアデザイン）
設計者	大成建設	日建設計	日建設計
施工者	大成建設	竹中工務店・銭高組JV	竹中工務店
開業予定時期	23年7月	24年7月	24年8月

ホテル名	パティーナ大阪	ウォルドーフ・アストリア大阪	リーガロイヤルホテル大阪 ヴィニェット コレクション
事業者	NTT都市開発	グラングリーン大阪開発事業者JV9社（ホテルの幹事企業はオリックス不動産）	ロイヤルホテル、ベントール・グリーンオーク・グループ（BGO）
所在エリア	大阪城公園近く	梅田	中之島
階数	地下3階・地上21階	「グラングリーン大阪」南街区賃貸棟「南館」の地上2階及び28～38階	地上30階
客室数	221室	252室	約1000室
敷地面積	約4900m²	—	—
延べ面積	約3万8940m²	約3万3290m²	—
構造	鉄骨造、一部鉄骨鉄筋コンクリート造	—	—
デザイン	光井純アンドアソシエーツ建築設計事務所（外装デザイン）、ストリックランド（インテリアデザイン）	アンドレ・フー（内装デザイン）	乃村工芸社 RENS（インテリアデザイン）
設計者	NTTファシリティーズ（基本設計・実施設計監修・内装設計）、竹中工務店（実施設計）	日建設計・三菱地所設計（設計全体統括）、三菱地所設計、日建設計、大林組、竹中工務店	—
施工者	竹中工務店	グラングリーン大阪JV（竹中工務店・大林組）	—
開業予定時期	25年	25年4月	25年4月から順次

2024年11月時点で判明している主な外資系ブランドの高級ホテル開発情報や取材を基にまとめた。今後変更になる可能性がある（出所：日経クロステック）

（参考）奈良市内で計画されている高級ホテル

ホテル名	紫翠 ラグジュアリー コレクションホテル 奈良	星のや奈良監獄
事業者	森トラスト・ホテルズ&リゾーツ	星野リゾート、旧奈良監獄保存活用
所在エリア	登大路町	般若寺町
階数	地上2階	—
客室数	43室	48室
敷地面積	約3万m²	約10万m²（ミュージアムを含む）
延べ面積	約4400m²	約1万m²
構造	—	—
デザイン	隈研吾建築都市設計事務所（設計監修、インテリアデザイン）	東環境・建築研究所（ホテル計画）、オンサイト計画設計事務所（ランドスケープデザイン）
設計者	大成建設	—
施工者	大成建設	—
開業予定時期	23年8月	26年春

（出所：星野リゾート）

2024年11月時点で判明している外資系ブランドの高級ホテルをまとめた。比較のため、外資系ではないが星野リゾートの計画も掲載した（出所：日経クロステック）

&リゾーツとも提携し、ホテル名を「リーガロイヤルホテル大阪 ヴィニェット コレクション」に変更し、25年4月から順次リニューアルオープンする。運営はロイヤルホテルが受託し、サービスを継続する。

(写真:2025年日本国際博覧会協会、大林組、伸和)

最新状況

大阪・関西万博
2025年4月13日開幕
パビリオン・施設

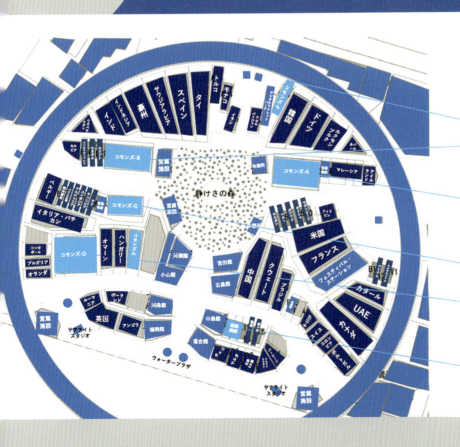

■ 独自パビリオン:52か国
■ 協会用意の単独館:16か国※、3国際機関※
■ 協会用意の共同館:89か国※、5国際機関※
■ 民間パビリオン・協会利用建物等

共同館区画※

<コモンズ-F>（2か国）
- アルメニア、カザフスタン

<コモンズ-B>（24か国）
- エチオピア、ガイアナ、ガンビア、コートジボワール、ザンビア、シエラレオネ、ジブチ、ジャマイカ、ジンバブエ、セントビンセント及びグレナディーン諸島、ソマリア、タンザニア、中央アフリカ、ツバル、ドミニカ、ナウル、ハイチ、パラグアイ、東ティモール、フィジー、ベナン、ミクロネシア、モーリタニア、レソト

<コモンズ-A>（28か国）
- イエメン、ウガンダ、エスワティニ、ガーナ、北マケドニア、ギニアビサウ、キルギス、ケニア、コソボ、コモロ、サモア、スリナム、スリランカ、セーシェル、セントクリストファー・ネイビス、セントルシア、ソロモン諸島、トリニダード・トバゴ、トンガ、バヌアツ、パプアニューギニア、パラオ、バルバドス、ブルンジ、ボリビア、マラウイ、モーリシャス、ルワンダ

<コモンズ-C>（10か国）
- イスラエル、ウルグアイ、ガボン、グアテマラ、クロアチア、サンマリノ、スロバキア、スロベニア、パナマ、モンテネグロ

<コモンズ-D>（25か国）
- アンティグア・バーブーダ、カメルーン、ギニア、キューバ、コンゴ、サントメ・プリンシペ、スーダン、赤道ギニア、タジキスタン、トーゴ、ナイジェリア、パキスタン、パレスチナ、ブータン、ブルキナファソ、ベリーズ、ホンジュラス、マーシャル諸島、マダガスカル、マリ、南スーダン、モルドバ、モンゴル、ラオス、リベリア

<国際機関共同館>（5国際機関）
- アフリカ連合委員会、イーター国際核融合エネルギー機構、国際科学技術センター、太陽に関する国際的な同盟、東南アジア諸国連合事務局

※区画決定済みの国・機関のみを記載

(出所:経済産業省、2024年9月10日時点)

17

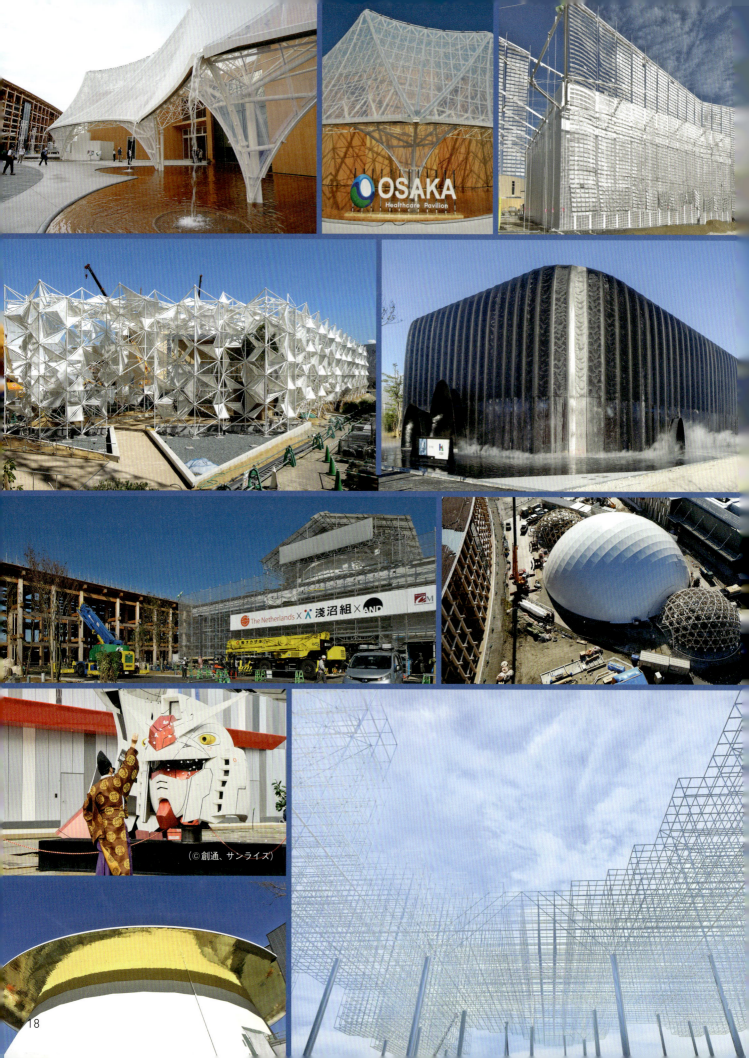

(写真：日経クロステック、生田 将人、表 恒匡、長谷エコーポレーション、坂茂建築設計、バンダイナムコホールディングス、Better Co-Being、パソナグループ、Sumitomo EXPO2025 Promotion Committee、NIPPON EXPRESSホールディングス、2025年日本国際博覧会協会、出所：日建設計）

大阪・関西万博「大屋根リング」
世界最大の木造建築物が誕生

「立体ユニット」を地上で組み立て、クレーンで取り付け（写真：大林組）

竹中工務店工区は2カ月前倒しで上棟（写真：竹中工務店）

第1章 関西最前線

- ■建築デザイン:藤本壮介氏(会場デザインプロデューサー)
- ■基本設計:東畑建築事務所・梓設計共同企業体
- ■実施設計・施工:大林組・大鉄工業・TSUCHIYA共同企業体(JV)、安井建築設計事務所(以上PW北東工区)、清水建設・東急建設・村本建設・青木あすなろ建設JV(PW南東工区)、竹中工務店・南海辰村建設・竹中土木JV、昭和設計(以上PW西工区)

PW:パビリオンワールド

- ■名称:**大屋根リング**
- ■全周:約**2**km
- ■円の内径:約**615**m
- ■高さ:約**12〜20**m
- ■幅:約**30**m
- ■階数:**2**階建て
- ■構造・構法:**木造**・貫構法
- ■建築面積:6万**1035.55**m²
  「最大の木造建築物」としてギネス世界記録に認定(25年3月4日)
- ■竣工:**2025**年2月予定
- ■建築費:約**350**億円
- ■万博の想定来場者数:**2820**万人

(写真:生田将人)

24年8月に大屋根リングの木組み構造が円形につながった (写真:2025年日本国際博覧会協会)

大屋根リングの下に光が柔らかく差し込む(写真:日経クロステック)

大屋根リングの全景 (写真:吉田 誠)

大屋根リングの屋上にできる空中回廊。スロープや芝生が整いつつある。2024年11月撮影（写真：生田 将人）

会場デザインプロデューサー 藤本壮介氏に4つの質問

大阪・関西万博で「会場デザインプロデューサー」を務める、建築家の藤本壮介氏。同氏がデザインした木造の大屋根リングについて、4つの質問を投げかけた。大屋根リングは世界最大の木造建築物になる。

藤本氏は2024年6月初旬、建設中の大屋根リングを記者と一緒に歩きながら、約1時間のインタビューに応じた。同氏は自身の「X（旧Twitter）」で、「万博の意義」「会場計画の意図」「木構造の意義」「万博の会場整備コスト」について言及している。時に厳しい批判にさらされながらも、会場デザインプロデューサーとして言語化を試みている。

記者はXの投稿を読み込んだ上で、4つの質問をぶつけた。柱と梁の基本構造が9割以上、出来上がった状態での大屋根リングの写真とともに、藤本氏の率直な回答を紹介する。

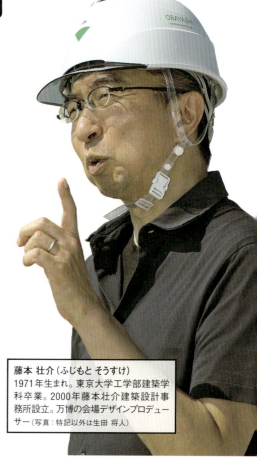

藤本 壮介（ふじもと そうすけ）
1971年生まれ。東京大学工学部建築学科卒業。2000年藤本壮介建築設計事務所設立。万博の会場デザインプロデューサー（写真：特記以外は生田 将人）

Q1　なぜ大屋根を木造にしたのか？

藤本 ここ数年、欧州に行くたびに、社会のトレンドとして木造が強くプッシュされていると感じていた。脱炭素やサステナビリティーの発想に基づく木造への関心の高さは、もはや一過性のブームではない。

ところが日本は木造に対して静かで、危機感を覚えた。日本は木造建築の長い歴史と伝統があるのに、現代では世界から遅れている。これはまずいと思った。

1889年のパリ万博で鉄骨造のエッフェル塔が登場したように、その時代の最先端の素材で万博の建築物をつくることには意味がある。2025年なら木造だ。これからの万博で「鉄骨造で格好いい建築物をつくりました」と言っても、世界には通用しないでしょう。

日本には1000年以上の歴史がある木造建築物が数多く残っている。代表格が法隆寺だ。

木造の歴史が長い日本、しかも京都や奈良に近い大阪から発信していく会場のシンボルは、木造しかないと思った。日本が木造で世界のイニシアチブを握るくらい強いメッセージを出したかった。

木の現しで未来の風景体験

大屋根に使う木材を現しでつくっているのも、未来の風景や建築物の方向性を「空間体験」や「デザインのクオリティー」として分かりやすく示したかったから。「木造でこれだけのものがつくれるのか」という驚きを世

界に与えたい。会場を訪れた人は皆、木造の大屋根をくぐって、パビリオンに向かうことになる。

もっとも、大屋根が「万博の集客に貢献する」ところまでは考えていなかった。万博のメインコンテンツは、パビリオンだから。

ただ、木架構の形が見えてきて、壮観な姿を目の当たりにした時、「これはすごいものができるぞ」と思えた。単に木材という素材を使っているだけではなく、大きさもディテールも見応えがある。

完成すれば、世界最大の木造建築物になりそうだということも分かった。だったら、そこはアピールしていきたい。

大屋根は万博の来場目的の1つとして、集客装置にもなり得る。それほどの完成度の高さになりつつあり、日本の建設会社の底力を感じる。世界中の人たちに見てもらいたい。

Q2 なぜ大屋根を円形にしたのか？

藤本 大屋根には機能性と万博の象徴という2つの役割がある。前者は日差しを遮る、雨風を避ける、円形の回遊路を設けて来場者を分散させる、といったものだ。

広い会場のどこからでも見える大屋根は、迷子になったり道が分からなくなったりしても、向かうべき目印になる。円形なら等距離で大屋根まで戻れるから安心できる。一番近い大屋根の下までなら、誰でも移動しやすいだろう。

一方、万博のシンボルとしての大屋根は「記憶に残りやすい強い形」にしたかった。それが正円だ。この円の中に約半年間、世界中から来た人々が集まっていたんだと、長く記憶に残りやすいと考えた。

空から見てもパースでも大きな円形は認識されやすい。大阪・関西万博と言えば、「あの円形だよね」と。

円形にはヒエラルキー（格差）もない。唯一、特別な場所があるとすれば、円の中心。そこにはパビリオンを設けず、木を植えて「静けさの森」にする。

伝統の「貫構法」を進化させて木造の大屋根を建設
大屋根1階の木架構。日本の伝統的な貫構法を進化させて柱と梁を接合している。1階は会場の主要動線「グラウンドウォーク」になる

大屋根をくぐって会場を出入り
大屋根の柱と梁の基本構造は2024年8月に完成し、全周約2kmの円形としてつながった。主要なパビリオンは大屋根の内部に集約する

記憶に残りやすい強いシンボルとしての正円
24年6月時点で、大屋根はほぼ円形に立ち上がっていた。屋上には回廊「スカイウォーク」を設ける。寝転がれるスペースもできる

空を丸く切り取りたい

　まだ何もなかった夢洲の会場計画地をテーマ事業プロデューサーの皆さんと初めて視察に来た時、「空が大きい」と感じた。そのインパクトは大きかった。来場者もこの空を見上げるだろうと想像し、大屋根で空を丸く切り取りたいと思った。

　大阪からの帰りの新幹線の中で、大屋根のスケッチをiPadで描き始めた。それが正円だった。

　円の内側には主要なパビリオンを収める必要がある。そこは何度も計算して、円の大きさを割り出した。

Q3 ｜ 建設費約350億円は適正な金額か？

藤本　会場整備費や大屋根の建設費は個別に語られることはあっても、クリアな形でドキュメントになっていなかった。万博協会が金額の根拠を示せばいいという意見もあるが、コストは建築の細かい話と連動している。

　だから僕自身の判断で、会場整備費の約2350億円[※1]の根拠をXで示すことにした。

　05年に開催された愛知万博の会場整備費をベースにして、大阪・関西万博の会場整備費の算出式を書いた。こうすれば、ニュートラルに見てくれる人は分かってくれるだろうと思った。

メリハリを付けて予算配分

　限られた予算をいろいろなものへ均等に振り分けると、総額は同じでも特徴がなく、記憶に残らない万博

※1 藤本氏は約2350億円の会場整備費を、2005年に開催された愛知万博（愛・地球博）の会場整備費を基に算出している。現在までの物価上昇分や会場規模の大きさを加味し、「1350億円（愛知万博の会場整備費）×1.5（物価上昇分）×1.2（会場規模係数）＝2430億円」と計算した。今回の会場整備費2350億円は愛知万博と同等か、それ以下だと説明。「適正」な金額であるという前提に立って、予算を大屋根などに配分した

になりかねない。メリハリを付けることで記憶に残りやすいものをつくり、同時に動線計画など会場に求められる機能を満たす。

そうした考えで、大屋根には約350億円を振り分けた。僕の感覚では、「これだけ巨大な大屋根の工事をよく350億円で引き受けてくれた」と。建設会社には本当に感謝している。坪単価が約136万円※2というのは激安でしょう。建設会社がつくり方を工夫し、足場を立てなくていい施工方法でスピードも速く組み上げた。

> ※2 藤本氏はXで、大屋根の施工床面積は1階が約6万m²、屋上の歩行エリアが約2万5000m²、合計で約8万5000m²としている。350億円を8万5000m²（2万5680坪）で割ると、建設費の坪単価は約136万円になる。高さが12～20mある大規模木造建築物に、高さ12mのエスカレーター9基、エレベーター5基、40基以上のトイレを備えることを考えると、坪単価136万円はかなり安い金額と説明している

Q4 会場デザインプロデューサーの役割とは？

藤本 プロデューサーの話をいただいた時は役職名の通り、「万博会場をデザインすればいいんだな」と思っていた。ところがいざ始めてみると、「そもそも万博とは何なのか」という根本的な疑問が湧いてきた。この部分が腑に落ちないと、会場デザインはできないと痛感した。

そこから僕なりに「万博の意義」を考え始めた。意義を言語化し、会場デザインに連動させていった。

世界が半年間、共に過ごす

多様性の時代と言われながら、就任した時は世界の分断が激しさを増していると感じていたタイミングだった。そんな中、世界の80％近い国・地域が夢洲に集まり、約半年間を「共に過ごす」なんて、万博以外ではあり得ないでしょう。

「多様な世界はつながれる」というメッセージを、世界に向けて発信する。それこそが万博の意義ではないかと考えた。

僕自身が納得できた万博の意義を支える場として、会場をデザインしている。万博の華はパビリオンだけれども、「場の根底をつくる」のが会場デザインプロデューサーの役割と認識している。

大屋根の一部は人工の海辺に突き出す
夢洲は島の輪郭に沿って堤防が築かれている。南西の先端部分、瀬戸内海の沖合に最も近い位置には、大屋根の2.5倍の高さがある約50mの「大阪灯台」が立つ。灯台から大屋根を見下ろすと、24年6月時点で円形になりつつあったことが分かる。手前に見える人工の海辺は、大屋根の一部が突き出る位置まで拡張（写真：吉田 誠）

（写真：特記以外は生田 将人）

正念場の海外パビリオン

　大阪・関西万博で海外パビリオンの建設が正念場を迎えている。独自のパビリオン「タイプA」を出展する予定である47の参加国は進捗に大きなばらつきがある。2025年4月の開幕まで予断を許さない状況だ。

　そんな中、比較的順調に建設が進んでいる海外パビリオンの1つがオランダ館である（右上の写真）。パビリオン名は「A New Dawn-新たな幕開け」で、テーマは「コモングラウンド」とした。コモングラウンドとは共創の礎であり、新しい価値を共に生み出す基盤を指す。

　オランダ館の形状はシンプルだ。長方形の平面をした建物の中央部に球体をはめ込んだ形をしている。平面は約15m×約39mで、高さは約14m。横長の直方体をした施設の中央に、直径約11mの巨大な球体が浮かんでいるように見せる。球体の形は既に現場で姿を現し始めている。

　球体は太陽を表し、直方体の部分は海に見立てる。海から朝日が昇っていくイメージだ。新たな幕開けと夜明けを掛けた。場所は大屋根（リング）内側の西寄りで、大屋根に近接している。

　敷地面積は約882m^2、延べ面積は約1023m^2。地上2階建てで、構造は鉄骨造、一部システムトラス造。基本設計はオランダの建築設計事務所であるRAU設計が手掛け、実施設

球体の上半分が屋上から突き出ている。現場では「北半球」と呼ばれている。真夏でも作業できるよう、球体の上には仮設の屋根を架けた

球体の下部。こちらは建物内に位置し、「南半球」と呼ばれている

24年10月下旬から、建物の外壁に波形の外装材を取り付け始めた（写真：浅沼組）

パビリオンの中からもガラス越しに波形が見えるようにする。波は大きくうねっている（出所：Plomp）

計と施工は浅沼組が担当している。日蘭の混成チームで建設中だ。

浅沼組の担当者は英語で話したり通訳を介したりしつつも、通訳機「ポケトーク」を使って日本語をオランダ語に翻訳しながらコミュニケーションを取っている人もいる。RAU設計の担当者は出身国が多岐にわたり、まさにグローバルな集団である。

浅沼組で「(仮称)コモングラウンド―オランダパビリオン新築工事」の所長を務める山下哲一氏は、「オランダ側は球体の精度にこだわっており、外側だけでなく内側も真ん丸に仕上げることを求めている」と明かす。

来場者は球体の内部に入ることができ、そこがメインの展示空間になる。球体はパビリオンのシンボルだが、同時に体験ゾーンでもある。

球体は直方体をした建物の最上部の水平ラインを境にして、上半分（約5.5m）が平らな屋根から突き出ている。現場では球体を上下に分割する水平ラインを「赤道」と呼び、その上半分を「北半球」、下半分を「南半球」と呼び分けている。

屋上は最終的に、鏡面状のステンレスで平らに仕上げる。すると大屋根からパビリオンを見下ろしたとき、上半分の半球体が鏡に映り込んで球体に見えるという。

球体は間近で見ると、かなり大きく感じる。そしてきれいな曲線を描いている。「球体は鉄骨トラスで支えている。トラスを最小限の仕上げで隠し、内側も球状に見せる」(山下氏)

波を表す外装材の取り付けが山場

24年10月からは、建物の外壁に波形の外装材を取り付ける作業が始まった。球体の構築と並び、「波形ファサードの取り付けが最も難しい施工になりそうだ」と山下氏は話す。

FRP（繊維強化プラスチック）でつくる波形の部材は海を表現しており、形や大きさが一律ではない。RAU設

浅沼組で「(仮称)コモングラウンド―オランダパビリオン新築工事」の所長を務める山下哲一氏（写真：日経クロステック）

計が描く不規則に見える波形を設計通りにつくれば、部材のピッチはばらばらになる。

「複雑にうねる波形は、2次元の図面では理解しにくい。3次元のBIM（ビルディング・インフォメーション・モデリング）に落とし込んで、波の大きさや幅などの寸法をオランダ側と何度もすり合わせてきた」(山下氏)

サイズやピッチだけでなく、雨風にさらされるファサードの素材選びにも苦労した。

個性際立つ「万博の華」
主な海外パビリオン

©The Singapore Pavilion, EXPO 2025 Osaka

※ タイプA 47カ国中（予定）、23カ国の完成イメージを掲載。万博全体では161カ国・地域と9つの国際機関が参加を表明している

アメリカ：©Trahan Architects

イタリア：©Commissioner General for Italy at Expo 2025 Osaka

インドネシア：©Design by PT Samudra Dyan Praga

オーストラリア：Design by Buchan Holdings Pty Ltd, Render by FloorSlicer

オランダ：©Plomp

カナダ：©カナダ大使館

クウェート：©LAVA

シンガポール：©The Singapore Pavilion, EXPO 2025 Osaka

スイス：©スイス連邦外務省 プレゼンス・スイス

スペイン：Acción Cultural Española

タイ

チェコ：Source:Office of the Czech Commissioner General

中国：©中国国際貿易促進委員会（CCPIT）

ドイツ：©German Pavilion／MIR LAVA facts+fiction

トルクメニスタン：Supplied by Belli

フランス：©Coldefy ＆ CRA-Carlo Ratti Associati

ハンガリー：ハンガリー政府

フィリピン：Philippine Pavilion／Carlo Calma Consultancy

ベルギー：©BelExpo ©Carré 7

ポーランド：Pavilion design：Alicja Kubicka and Borja Martínez – Interplay Architects

北欧館（アイスランド、スウェーデン、デンマーク、フィンランド）：©The Nordic Pavilion

ルーマニア：Romania Pavilion at Expo 2025 Osaka

ルクセンブルク：©STDM architects

大阪IRの開業が現実に
30年秋 日本初のカジノ含む施設「ほぼ確実」
市が運営事業者に用地を引き渡し

　大阪・夢洲で2030年秋ごろの開業を目指す、カジノを含めた統合型リゾート施設（IR）を巡り、大阪市は24年10月1日、IRの運営事業者に土地を引き渡したと発表した。

　運営事業者は、違約金なしで事業から撤退できる「解除権」を24年9月6日付けで放棄している。IRが実現するのは、ほぼ確実となった。同年9月15日には、大阪IRは準備工事を開始した。

　米MGMリゾーツ・インターナショナル日本法人とオリックスなどが出資する運営事業者「大阪IR」は23年9月、IR開業の具体的な計画を定めた「実施協定」を大阪府と結んだ。市とは、夢洲の北側にある約49万m^2の土地を35年間借り上げる「借地権設定契約」を締結している。

　ただし、実施協定には解除権が盛り込まれていた。大阪IRは、初期投資額が1兆2700億円から膨らまないことや、国内外の観光需要が新型コロナウイルス禍前の水準まで回復していることなど、7つの条件が全て整わなければ、26年9月まではIRの開業計画を解除できる状態だった。

　その後、大阪IRは「条件が整った」と判断し、期限を待たずに自ら解除権を放棄することを決定。24年9月10日に発表した。同日、大阪府・市と確認書面を交わしている。

　大阪府の吉村洋文知事は同年9月

大阪・夢洲で開業する予定の統合型リゾート施設（IR）の完成イメージ
（出所：大阪IR）

IRのイメージ。国際会議場や展示場、ホテル、レストラン、ショッピングモール、エンターテインメント施設、カジノなどで構成（出所：大阪IR）

11日の会見で、「30年にIRが大阪のベイエリアに誕生することがほぼ確実になった」と述べた。

IRの建設予定地では23年12月から、地盤の液状化対策工事が進んでいる。大阪IRの解除権放棄に伴い、市は24年10月1日、IRの用地として貸し出す約49万m²のうち、25年の大阪・関西万博で使用する範囲を除く約46万m²を引き渡した。

IR施設は30年夏ごろの竣工を予定している。

万博への悪影響を回避

IRの工事は万博会場の隣で進む。万博の会期中に工事を続けると、騒音や粉じんの発生、景観の悪化など万博への影響が懸念される。

そのため2025年日本国際博覧会協会（万博協会）は25年4月13日から同年10月13日までの会期中の工事を中断するよう、大阪府・市に要請していた。

大阪府・市と大阪IRは、万博会期中に実施する予定だった一部工事を延期するなどして対応することを決定。万博への悪影響を最小限にとどめる対策を「IR工事における万博への影響低減策」としてまとめ、24年9月10日に開かれた万博関係者の会合で報告した。

当初の計画では、杭工事が会期と重なっていた。最大で200台以上の大型重機が隣地で稼働するため、大きな騒音の発生が想定された。

そこで杭工事の開始時期を約2カ月延期。重機の稼働台数と騒音がピークになる時期を万博の閉幕後にずらした。同時に騒音が起こりにくい機械や工法の採用も検討する。

なお、万博の開幕直後やゴールデンウイーク、お盆休み、閉幕直前など、来場者の増加が見込まれる期間はIR関連工事の休工日を増やすことにしている。

さらに工事ヤードの道路側に高さ2mの「万能塀」を設置することで騒音を抑える。特に大阪メトロの夢洲駅ができ、多くの来場者が行き交うことになる万博会場の東ゲートはIR計画用地に近い。そこで、周辺の万能塀の上に約1mの防音シートを立ち上げる。

IRの施工基盤面を道路面よりも約3〜7.6m切り下げる対策も講じる。こうした複数の対策により、IR工事で起こり得る万博会場への騒音レベルを60dB（デシベル）以下まで引き下げる方針だ。60dBは万博会場で実施する各種イベントの音よりも小さくなる想定水準である。

騒音以外にも、工事で土ぼこりなどの粉じんが発生したり、景観が悪化したりすることにも配慮する。例えば、残土の仮置き場を南側の敷地境界から約50m隔離する。

騒音対策で実施する万能塀の設置や施工基盤面の切り下げは、粉じんや景観の対策にもつながる。

大阪府・市と大阪IRは、万博協会や政府、施工者らで構成する連絡調整会議を新たに立ち上げることを決めた。万博会期中に不測の事態が生じた場合に備え、臨機応変に対応していく方針だ。

対策① 杭工事の工程調整

- **杭工事について、2か月程度の後倒し（延期）**
  ※南東部工区：6月頃→8月頃
  ※その他の工区：5月頃→7月頃

対策② 休工日の追加

- **万博来場者が特に多く見込まれる期間（開幕・GW・お盆・閉幕付近の期間）**について、IR関連工事の**休工を増やす**など、出来るだけ工事抑制が図られるよう、今後調整。

対策③ 連絡調整会議の設置

- 博覧会協会、国、大阪府・市、IR事業者、工事施工者等の実務の責任者が集まる**連絡調整会議**を新たに立ち上げ、万博会期中の情報連携・調整、対策内容の個別調整、悪影響が生じた場合を含め不測の事態・臨機の対応について協議。

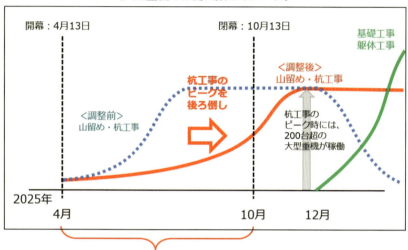

大阪府・市と大阪IRが「IR工事における万博への影響低減策」をまとめた。杭工事の工程を調整し、開始時期を2カ月延期して工事のピークを後ろにずらす（出所：大阪府、大阪市、大阪IR）

対策① 低騒音工法等の採用

- 杭施工は、**低騒音型**の建設機械を使用し、**打ち込み（打撃貫入等）ではなく、地盤の旋回掘削により杭を建て込む工法**（アースドリル工法・プレボーリング工法等）を採用。
- その他の機械についても、低騒音型建設機械を採用。

対策② 万能塀・防音シート等の設置

- 工事ヤードの道路側に万能塀（高さ2m）を設置。
- 東ゲート付近を中心に、万能塀（高さ2m）の上部に、更に1m程度の**防音シート等を立ち上げ、万博会場への更なる騒音軽減を図る。**

対策③ 施工基盤面の切り下げ

- IR敷地全体の**施工基盤面を道路面より約3～7.6m切り下げる**ことで騒音影響を低減。

対策④ 工事内容・時間帯の配慮

- 万博来場者の流れ（混雑、動線）等を踏まえ、必要に応じ工事内容・時間帯について工夫・配慮を行う。
  ※対応例：万博来場者が列をなしている開門の時間帯は、音が大きい工事内容は控える 等

IR工事の騒音レベル（万博会場内における予測値）

53～60dB[※1] 、**48～55dB**[※2]

- 静けさの森の予測値：万博イベント（67dB）[※3] ＞ IR工事（58dB）[※1]
- 環境基準を満足：商業地域（60dB）、住居地域（55db）[※2]
- 騒音の大きさの目安：博物館内（60dB程度）

※1 90%レンジ上端値 ※2 等価騒音レベル ※3 ウォータープラザでのイベント開催時の騒音レベル

（騒音・振動予測結果）

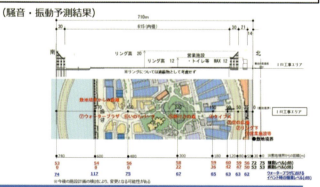

対策⑤ 万博開会後の機動的対応

- 万博開催中は、万博会場側の工事騒音レベルを計測等により管理。
- 万博に悪影響を及ぼすなど、問題がある場合については、原因を調査したうえで、状況に応じて必要な対策を行う。

騒音を抑える対策例（出所：大阪府、大阪市、大阪IR）

対策① 残土仮置位置等の調整

- 残土仮置場の位置は、南側敷地境界から**約50m程度隔離**。
- 残土仮置作業は、**万博開催前の完了**をめざす。
※万博会場に近いIR区域の南西部における取組。

対策② 施工基盤面の切り下げ（飛散防止）

- IR敷地全体の**施工基盤面を切下げ**。
※道路面より約3〜7.6m

対策③ 仮設事務所・万能塀等の設置

- 残土仮置位置の南側に、**仮設事務所等を設置**。
- 工事ヤードの道路側に**万能塀（高さ2m※）**を設置。
※東ゲート付近を中心に＋1m追加（防音シート等）

対策④ その他の追加対策

- 散水、残土等運搬時の飛散防止シートによる粉塵の飛散防止
- 工事車両の足洗い（タイヤ洗浄）の徹底 等

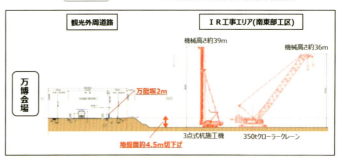

粉じんの発生に関する対策（出所：大阪府、大阪市、大阪IR）

対策① 残土仮置場の離隔等

- 残土仮置場は、南側敷地境界から**約50m程度離隔**し、**仮設事務所等**を挟んで**景観を遮断**。

対策② 施工基盤面の切り下げ

- IR敷地全体の**施工基盤面を切り下げる**ことで、施工機械の見え方は限定的となる。
※道路面より約3〜7.6m

対策③ IR敷地外周に万能塀を設置

- IR敷地外周（道路側）に**万能塀（高さ2m※）**を設置し、**景観を遮断**。
※東ゲート付近を中心に＋1m追加（防音シート等）

■ 万博会場（リング上）からの見え方

- 一部の施工機械・工事現場が見えるが、その見え方は限定的。
※リング上の北端遊歩道からは、リングそのものが遮蔽物となり施工機械は見えない。

■ 万博会場（リング内側）からの見え方

- リング・営業施設等が遮蔽物となり、IR工事の施工機械はほとんど見えない。

■ 観光外周道路（万博会場外）からの見え方

- 万能塀（高さ2m※）により一定は景観遮断。
※東ゲート付近を中心に＋1m追加（防音シート等）

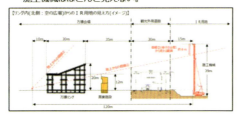
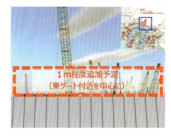

景観への悪影響を抑える対策（出所：大阪府、大阪市、大阪IR）

第2章

大阪・関西万博

万博パビリオンの現在地

工事の最前線を総まくり、国内勢の迫力施設

建設中の大阪・関西万博会場（2024年7月中旬撮影）。大屋根（リング）は24年8月に基本構造が完成した。内径約615mのリング内に国内外のパビリオンが並ぶ。「タイプA」と呼ばれる海外パビリオンは47カ国に落ち着きそうだ。リング外側には民間や政府・自治体系のパビリオン、催事施設が集結し、建て方が進んでいる（写真：上は2025年日本国際博覧会協会、生田 将人、電気事業連合会、会場全景は2025年日本国際博覧会協会、大林組、伸和）

2025年国際博覧会（大阪・関西万博）が開幕する25年4月13日まで120日を切った。会場となる大阪・夢洲では、約350億円を投じる大屋根（リング）や国内外のパビリオン、各種施設の建設が進む。間に合うのか。

「万博の華」と呼ばれるパビリオンの2024年6〜11月時点の建設状況を中心に、現状を探った。

8人のテーマ事業プロデューサーが手掛ける「シグネチャーパビリオン」は、かなり姿が見えてきた。大屋根の外側に配置される13の民間パビリオンや、日本政府や地元・大阪のパビリオン、そして各種催事施設もおおむね、25年2月までには竣工しそうである。建設工事入札の不落・

大屋根の内と外にパビリオンや主要施設が点在
2023年11月30日時点の会場配置計画。取り上げるのは、大屋根の中央部にできる8つの「シグネチャーパビリオン」、リング外側の東西に密集する「民間パビリオン」「政府・自治体系パビリオン」「大・小催事場」である。若手設計者20組が手掛ける施設や夢洲駅にも触れる（出所：2025年日本国際博覧会協会）

不調が相次ぎ工期が危ぶまれたが、国内勢は巻き返している。

　民間パビリオンは外観が完成しつつあるところが多い。いずれもユニークな形状だ。政府・自治体系のパビリオンや催事場は、大規模な施設になる。一方で小規模だが、若手設計者が担当する施設も見逃せない。

　建築計画や技術の側面から、どこよりも早く、詳しく現状や見どころを現地リポートする。建設中しか見られないパビリオンの特殊な構造や素材も写真を交えて紹介していく。

　万博が抱える課題は少なくない。メタンガスによる爆発事故を受けた安全対策に関心が集まっている。約2350億円という会場整備費の使い道も問われる。会場までの交通アクセスや、地震や津波、台風といった災害対策なども社会の関心事だ。

　山積する懸念を払拭し、万博を成功に導けるのか。建設中の今だから見られるパビリオン建築の生の姿を通し、万博の現在地を見つめる。

Part1
個性派ぞろいの民間パビリオン
飯田グループ×大阪公立大学共同出展館
電力館 可能性のタマゴたち
PASONA NATUREVERSE
ガスパビリオン おばけワンダーランド
パナソニックグループパビリオン「ノモの国」
三菱未来館
NTT Pavilion
住友館
BLUE OCEAN DOME
GUNDAM NEXT FUTURE PAVILION

Part2
目玉のシグネチャーパビリオン
いのちの遊び場 クラゲ館
Dialogue Theater ーいのちのあかしー
いのちをめぐる冒険
■ シグネチャーパビリオンは奇想天外
null²
いのちの未来
Better Co-Being

いのち動的平衡館
EARTH MART

Part3
威信を懸けた開催地パビリオン
大阪ヘルスケアパビリオン Nest for Reborn
日本館
ウーマンズ パビリオン
■ 黄金アンテナと風の催事場が誕生
　インタビュー 伊東 豊雄 氏
　設計者 平田晃久氏の風へのこだわり
■ 次代を担う若手20組：注目の「トイレ2」
　20組の最新パース全公開

Part4
交通アクセス
夢洲駅

Part5
課題は山積み
メタンガス
防災実施計画

Part1 個性派ぞろいの民間パビリオン

飯田グループホールディングス
飯田グループ×大阪公立大学共同出展館

世界初の西陣織建築が出現
真っ赤なボディーの「西陣織パビリオン」。建物を覆う花柄の織物が鮮やかで、日本らしさを主張する。西陣織の表面積は約3500m²に及ぶ
(写真:生田 将人)

西陣織パビリオンは真っ赤な花
曲面だらけ鉄骨フレームと膜材

　西陣織をまとったパビリオンは、前代未聞の建築物だ。京都で1200年以上の歴史がある高級織物を外装材として初めて使う。西陣織の膜材を支える鉄骨の構造体もまた、見たことがない3次元曲線を描いている。

　大阪・関西万博の施設で、工事が比較的順調に進んでいるのが民間パビリオンである。2024年7月時点で外観が見えてきたパビリオンのうち、ひときわ目立つものを1つだけ挙げるとすれば、記者は迷わず「西陣織パビリオン」を推す。

　飯田グループホールディングス（以下、飯田GHD）のパビリオンは大屋根（リング）のすぐ外側、会場の西側に立つ。西陣織の美しい花柄は、日本らしさをストレートに伝える。

　赤を基調とする西陣織がパビリオン表面の膜材となり、無限を表すメビウスの輪を想起させる、大きく波打った3次元の構造体を覆い尽くす。鉄骨躯体だけ眺めると、ジェットコースターのように見える。

　階数は地下1階・地上2階建てで、高さは約12m。パビリオンの延べ面積は約3600m²だ。

　奇抜なパビリオンを設計したのは、高松伸氏が主宰する高松伸建築設計

(出所:飯田グループホールディングス)

事務所である。過去に何度も飯田GHDと仕事をしてきた高松氏はパビリオン設計の依頼を受けると、「京都に事務所を構える身として、万博では大阪だけでなく京都の存在感も示したい」と考えた。

　提案した複数のプランの1つが、

第2章 大阪・関西万博

鉄骨の鋼管は曲げ加工だらけ
ジェットコースターのレールのように曲がりくねった鉄骨フレーム（下）。構造は骨組み膜構造、一部鉄骨造。右は大屋根（リング）の木架構と西陣織パビリオンの鉄骨架構の取り合わせ。建設中にしか見られない特別な風景だ（写真：2点ともFOTOTECA）

熟練オペレーターが膜材を吊り上げてクレーン操作
芯棒に巻いた西陣織の膜材を吊り上げ、クレーンを少しずつ動かしながら膜材を広げる。3次元曲線を描く鉄骨を膜材で覆っていく（写真：太陽工業）

京都を代表する織物である西陣織でパビリオンを覆う案だった。

飯田GHDはすぐに西陣織パビリオンを気に入ったが、実は高松氏は「西陣織を建築物に使えるのか半信半疑の状態だった」と打ち明ける。パビリオンの方向性が決まってから、京都中の西陣織メーカーに声を掛けた。無謀とも思えるプロジェクトに参加してくれるパートナーを探した。

出会ったのが西陣織の老舗でありながら、革新的な取り組みを続ける細尾だ。細尾は150cm幅の西陣織をつくれる織機を開発しており、「大き

大阪万博に京都らしさを持ち込む
設計を手掛けた建築家の高松伸氏。京都に事務所を構え、飯田GHDに西陣織パビリオンを提案した（写真：日経クロステック）

な外装に適した技術力を持っていた」（高松氏）。

それでも西陣織をそのまま膜材として使うのは、やはり無茶。高松氏は優れた膜材の技術を持つ太陽工業に協力を要請。西陣織を膜材に進化させる技術開発をスタートさせた。

パビリオンを施工する清水建設も、設計段階からプロジェクトに加わった。4社で世界初の西陣織建築に着手した。

3重の膜材の1つに西陣織

清水建設は高松氏が描いた建築デザインをなぞるように、パビリオンの形状を忠実に鉄骨躯体に落とし込んだ。同じく太陽工業も高松氏がデザインした稜線を基に、3Dモデリングソフトなどを使って膜形状を決定していった。

清水建設関西支店構造設計部の鷹羽直樹グループ長は、「3次元曲面だらけの躯体を設計する上で、3Dモデリングは必要不可欠だ」と振り返る。

しかも施工を図面通りに進めなければ、躯体が組み上がらない。

「これほど高い施工精度を求められる建物は恐らく経験がない。わずかなずれでも膜材が収まらなくなる。鉄骨の架構は現場に搬入する前に一度、別の場所で仮組みして建て方の手順や精度を確認。反省点を踏まえて改良を加えた。その後、鉄骨を解体し、現場に運び込んで本組みに臨んだ」（鷹羽グループ長）

苦労の連続だがクリアしなければならない最大の難関がこの先に待ち受けていた。西陣織の織物としての良さを失うことなく、パビリオンの建材としていかに使えるものにする

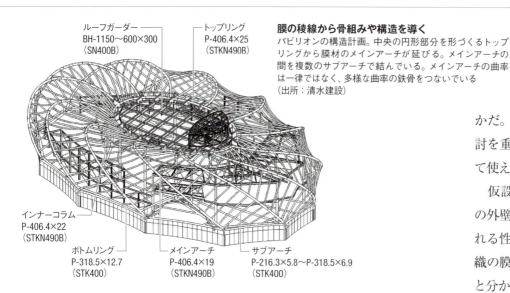

膜の稜線から骨組みや構造を導く
パビリオンの構造計画。中央の円形部分を形づくるトップリングから膜材のメインアーチが延びる。メインアーチの間を複数のサブアーチで結んでいる。メインアーチの曲率は一律ではなく、多様な曲率の鉄骨をつないでいる
（出所：清水建設）

3Dモデリングで外装膜の形状分析

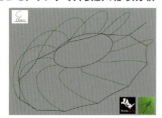
設計者から受領した稜線データ（自由曲線）

稜線データをRhinocerosで有限要素に分割

有限要素法による膜形状解析

解析後の形状（等張力曲面）

構造計画と同様に3Dモデリングソフトや太陽工業の自社開発ソフトを使って、デザインの稜線から外装膜の形状を決めていく（出所：右も太陽工業）

西陣織を外装材とする3重構造を考案

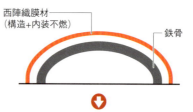
①（当初方針）西陣織膜材単体で構造と不燃の性能を満たす

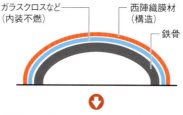
②西陣織膜材を不燃材料にできない
⇒室内側に不燃材料を追加

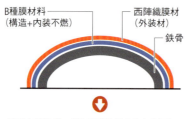
③西陣織膜材単体では外力に耐えられない
⇒B種膜材料と2重にし、西陣織膜材は外装材に

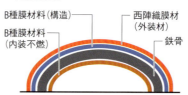
④室内を暗くし、壁と天井は滑らかな曲面に
⇒内膜を追加

検討の流れ。太陽工業は西陣織と他の膜材を組み合わせた3重構造の内外装膜を考案。西陣織を建材として利用することを可能にした

かだ。太陽工業は大きく4段階の検討を重ねた末、西陣織を外装材として使える構成を編み出した。

仮設建築物とはいえ、パビリオンの外壁には不燃性能や外力に耐えられる性能が求められる。それを西陣織の膜材だけに負わせるのは無理だと分かった。

そこで、外装材になる西陣織とは別に、構造用の「B種膜材料」を組み合わせて2重にした。そして鉄骨躯体の内側にもう1枚、内装不燃膜として、同じくB種膜材料を張る。合計3重の膜構造を採用し、課題を解決した。

外膜と内膜を使い分けることになったので、その間のスペースも無駄にはせず、空調に使うことにした。パビリオン内が温室のように暑くならないように役立てる。

コーティングは表裏で別に

これだけではまだ不十分だ。一番外側に位置する西陣織の膜材は会期中、日差しや雨、潮風にさらされ続ける。そこで太陽工業は西陣織の表と裏にそれぞれ別のコーティングをして耐候性などを高めた。

「西陣織の柄が見えにくくなるコーティングは避けなければならない。できるだけ透明で存在を感じさせないコーティングを薄く施し、織物の基布が持つ風合いを守る。表面がコーティングでテカると、本物の西陣織を使っているのにプリント柄のよ

第2章 大阪・関西万博

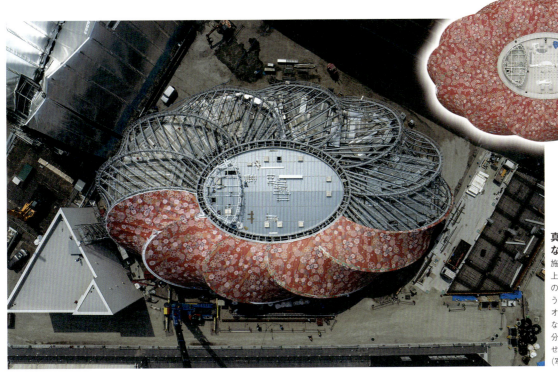

真上から見ると真っ赤な花のようだ
施工中の西陣織の膜材を真上から見た様子(左)。12枚の膜材で鉄骨フレームを覆う。膜材を張り終えたパビリオンは真っ赤な花のようになる(上)。中央の平らな部分には太陽光発電設備を載せる予定
(写真：清水建設)

基布の表裏で異なるコーティング

■基布の材料：合成繊維
(ヨコ糸はタテ糸の2倍の太さ)

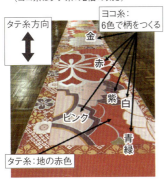

新規性！
(一般の膜材料は表裏が同じ)

■断面構成：表裏でコーティングを変えた
(役割が異なるため)

- ②(太陽工業)表面コーティング：風合いを残しつつ基布を守る
- ①(細尾)基布：西陣織
- ③(太陽工業)裏面コーティング：構造膜との溶着加工

西陣織の基布の表と裏に別々のコーティングを施した。表は絵柄を損なわずに耐候性を高めるもの、裏は2層目の膜と溶着するものをコーティング剤に選んだ(出所：太陽工業)

うに見えてしまう」(太陽工業建築技術本部建築設計部の平郡竜志関西万博プロジェクト設計課長)

一方、裏側のコーティングは、先ほどの2層目の膜材と溶着させるためのものを用いた。基布の表裏を別々にコーティングすることは決まったが、さらなる課題が浮上した。西陣織の生地はコーティング後に伸縮すると分かったのだ。これでは寸法が合わなくなるばかりか、膜パーツ同士をつないだときに西陣織の絵柄が大きくずれてしまう。

そこでコーティング後に設計寸法になるよう、膜パーツには余長を設けて生地を裁断。膜パーツをつなげるときは縮みを吸収しながら絵柄のずれを極力なくし、膜パーツのつなぎ目が目立たないようにした。

様々な難題を乗り越え、西陣織を膜材として無事に施工できた。長い芯棒に西陣織の膜材を巻き付け、現場に搬入。クレーンで吊り上げ、3次元曲面になるよう張っていく。難しいクレーン操作は、ベテランのオペレーターを指名して実施した。

全部で12枚の大きな膜材を躯体に張り合わせていく。全ての膜材が取り付けられると、上空からは真っ赤な花のように見える。

銀色タマゴの割れ目から黒鉄骨
宇宙基地のような架構の電力館

大手電力会社が会員である電気事業連合会のパビリオン「電力館」。建設は順調に進んでいる。銀膜で覆われたタマゴのような外観が特徴だ。タマゴの「割れ目」から、さび止めした真っ黒な鉄骨の躯体が顔をのぞかせる。

巨大な銀色の半球体をしたパビリオンが大阪・関西万博の会場に姿を現した。電気事業連合会の電力館は2階建てで、高さ約17m。

基本設計は電通と電通ライブ、日建設計。実施設計と施工は大和ハウス工業がそれぞれ手掛けている。

銀色の不燃膜で覆う電力館の表面は、様々な多面体を組み合わせた「ボロノイ構造」を採用している。ボロノイ構造は自然界にも存在する形で、身近なところではハチの巣の断面もその1つだ。

つるっとした表面ではない。ボロノイ構造の多面体が複雑な表情を見せる。ボロノイ膜の数は350枚以上。表面積は約2800m²ある。

そんな外装膜をまとったパビリオンは、光の当たり方や周囲の建物から伸びる影などで見え方が刻々と変化していく。大屋根（リング）に近いので、時間帯によっては大屋根に使われている木材の茶色が銀膜に映り

銀色の半球体が光輝く
電力館は銀色の半球体をしている。銀膜には周囲の風景がぼんやり映り込む。2024年7月中旬時点では膜工事は大詰めを迎えていた
（写真：下も電気事業連合会）

電気事業連合会
電力館 可能性のタマゴたち

ボロノイ構造

ボロノイ構造の多面体で膜を構成
ボロノイ構造の銀膜は多面体を1枚ずつ、膜下地（ガイドレール）にロープで結んでいく。表面の凹凸が天候や時間帯に応じて多様な表情を見せる

宇宙基地のような黒く複雑な鉄骨の塊
24年6月初旬に撮影した電力館の建設現場。鶏のタマゴを半分に切ったような形の構造体がほぼ完成するタイミングだった。さび止めした黒い鉄骨が露出し、複雑な構造を確認できた（写真：生田 将人）

大和ハウス工業が実施設計・施工
実施設計・施工を手掛ける大和ハウス工業や、電気事業連合会の担当者（写真：日経クロステック）

タマゴの「割れ目」から鉄骨が見える
模型で見たパビリオンの完成イメージ。タマゴの「割れ目」から、わずかに鉄骨が見える。建物の外には長い庇がある通路や屋外ステージ（写真左手）を設ける予定（写真：日経クロステック）

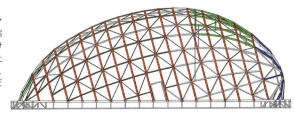

主軸を15度傾けて外観の見え方を変える
外殻鉄骨の東立面図。鶏のタマゴを真横に倒したような状態から、軸線（主軸）を15度傾けた形状だ。タマゴの鈍端は地上より高くなって大きく露出し、逆に鋭端は地中にめり込んだようになる
（出所：大和ハウス工業）

込む。

　2024年7月中旬時点で、外装膜の施工は全体の約9割まで進んだ。表面にはエントランスなどになる2カ所にだけ、タマゴの「割れ目」がある。鉄骨造の躯体は膜に覆われてほとんど見えなくなっているが、エントランス付近ではわずかに確認できる。

　もっとも、建築関係者には電力館の構造体こそ見てほしい。24年6月初旬に鉄骨がむき出しになった状態を見た記者は、黒い躯体の迫力に驚かされた。SF映画や漫画に出てくる宇宙基地のような武骨な構造体は複雑怪奇で、「いったいどんなパビリオンになるんだ？」と大いに期待を膨らませてくれた。

　地上に見えている構造体は、パビリオンの黒い外殻鉄骨の上に膜屋根の下地（ガイドレール）になる黒い鉄骨をかぶせた2層構造になっている。だから複雑で黒が強調された構造体に見える。黒い鉄骨の数は大小合わせて、2100本を超える。

外観変化を増幅する傾き15度

　電力館のタマゴ形は、現実世界に存在する生物のタマゴを再現したものではない。それでもボロノイ構造の多面体模様を除けば、外観は鶏のタマゴに似ている。鶏のタマゴは先がとがっている方（鋭端）と丸い方（鈍端）がある。電力館も同じだ。

　横向きにしたタマゴの下半分を地中に埋めたら、地上に見える長手方向は半球ではなく左右非対称になる。一方、タマゴの鋭端や鈍端の方向から眺めると半球のように思える。

　パビリオンも同様に、眺める向きで異なる形に見える。さらにタマゴの鈍端の中心から鋭端の頂点に延びる軸線を15度傾け、見た目の変化を一層強めた。

化石や巻き貝のらせん形をそのまま採用
パソナグループのパビリオンを構成する「アンモナイト棟（仮称）」と「巻き貝棟（仮称）」を真上から見た様子。渦巻きがらせんを描く。2024年10月撮影。下はパビリオンの完成イメージ（写真・出所：パソナグループ）

パソナグループ
PASONA NATUREVERSE

アンモナイトや巻き貝に着想
パソナのパビリオンは移築前提

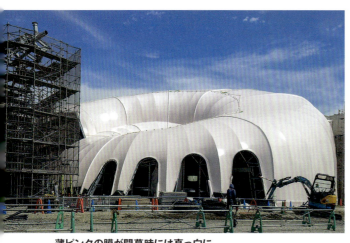

薄ピンクの膜が開幕時には真っ白に
膜材が張られたアンモナイト棟の出口付近。膜材は薄いピンク色をしているが、日に当たると開幕までに真っ白になる（写真：日経クロステック）

蛇のようにも見えるらせん形の鉄骨架構
鉄骨の建て方が完了したときの様子。蛇のようにも見えるらせん形状の鉄骨は、生き物のような造形美をたたえている（写真：パソナグループ）

アンモナイト棟の隣に巻き貝棟
パソナグループ常務執行役員CBO Regional Advantageの伊藤真人 Natureverse 本部長。写真はアンモナイト棟と巻き貝棟の接点付近。足場の中に巻き貝の骨組みが見える（写真：日経クロステック）

パソナグループが出展するパビリオン「NATUREVERSE（ネイチャーバース）」は、同社の南部靖之代表取締役グループ代表が考える「いのち」をそのまま形にしたものだ。らせん形の「アンモナイト棟」「巻き貝棟」（共に仮称）で構成する。

「約4億年前に誕生して繁栄したアンモナイトは、我々人間にとって『いのち』の大先輩」――。パソナグループの南部靖之代表は、アンモナイトの化石や巻き貝が好きで、建築デザインに取り入れたいと考えた。

相談を受けたthe design laboの板坂諭氏は、「南部氏が所有する本物の巻き貝やアンモナイトの化石を3Dスキャンして建築プランを提案した」と明かす。巻き貝は南部氏の机に置いてあったものだ。

2024年7月中旬時点でアンモナイト棟の鉄骨架構は完成し、薄ピンクの膜材で覆われた。らせん形状を忠実に再現している。設計はthe design laboと前田建設工業が、施工は前田建設工業が手掛ける。

肋骨のようなM字形の鉄骨

アンモナイト棟の隣で巻き貝棟の鉄骨建て方が進む。南部氏が持っていた巻き貝は中央部が膨らみ、左右に長い角のような部分がある。地上に接するのは中央部だけ。来場者はアンモナイトと巻き貝の「体内」をらせん動線に沿って巡る。

らせんの起点が建物の中核になる。

内部動線も時計回りのらせん形

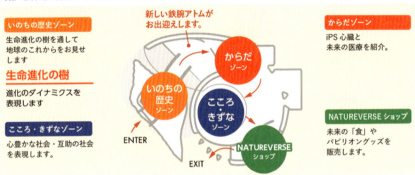

パビリオンの内部動線。来場者は巻き貝棟から入り、アンモナイト棟に移動する。展示の目玉は動く「iPS心臓」だ
（出所：パソナグループ）

ここには約6000本の鉄骨を使ったトラス構造を採用した。鉄骨トラスからM字形に湾曲した無数の鉄骨が延びる姿は圧巻だ。

パソナグループは万博閉幕後にパビリオンを解体し、本社がある兵庫県の淡路島に移築する計画を打ち出している。板坂氏は移築を前提とした設計を依頼されているという。「解体しやすさを考え、部材の単品管理を徹底している」（板坂氏）

淡路島はアンモナイトの化石が見つかることが多い、国内有数の発掘現場だ。地域の象徴として「第2の人生」が約束されている。

渦巻きの中心は鉄骨トラス
建物中心部（写真右手）は鉄骨トラスで構成。ここが渦巻きの起点。周りに肋骨のような鉄骨が延び、渦巻きの溝を表現する（写真：日経クロステック）

放射冷却素材
「スペースクール」

先がとがった三角形が幾つも並ぶ
ガスパビリオンの外観（左）。三角形の断面が連なり、表面は銀色の膜で覆われている（上）。床面積を確保しつつ、高さを強調した屋内空間を設けるには三角形が最適だったという。光によって建物の見た目が化ける意匠デザインを「おばけ」と表現している（写真：生田 将人、奥村組）

日本ガス協会
ガスパビリオン おばけワンダーランド

三角屋根の連なりを覆う新素材
内部がひんやり「お化け」の施設

銀色の膜に覆われた三角形の建物の内部は、夏日なのに暑くない——。日本ガス協会（JGA）が出展するパビリオンのコンセプトは「化けろ、未来！」。屋内がひんやりと涼しいのは、お化けの仕業か、それとも。

大阪・関西万博の「ガスパビリオン」は、高さが最大約18mの三角形が連なるギザギザな施設だ。構造は鉄骨造で、延べ面積は約1558m²。基本設計は日建設計、実施設計は日建設計・奥村組JV（共同企業体）、施工は奥村組が担う。

奥村組JGAパビリオン工事所の中川英臣所長によると、進捗は2024年6月時点で60%ほど。同年11月に建物は竣工した。

室温を抑える特殊な銀膜

パビリオンの室温を低く抑えるのに寄与しているのが、銀膜に使った放射冷却素材「SPACECOOL」である。大阪ガスが出資するスタートアッ プのSPACECOOLが開発した。独自の多層構造で高い遮熱性能と放射冷却機能を発揮する。

さらに、「床吹き出し方式の空調を併用する」と日建設計設計グループの石原嘉人アソシエイトは説明する。来場者が移動する床面付近を効率よく冷やせる。ガスパビリオンは銀膜と床吹き出し空調により、一般的な膜材で覆った施設の内部を均一に冷やす場合と比べて、空調負荷を約60%削減できるという。

パビリオン内は外よりも気温が低い
屋内外の温度を計測。2024年6月18日午後1時半ごろは、屋内外で約4度の差があった。屋内は涼しく感じられる（出所：日経クロステック）

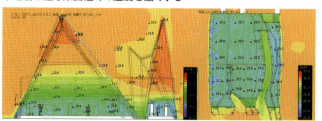

来場者が通る床面近くの温度を低くする
ガスパビリオンの温度シミュレーション。左が断面で、右が平面。床吹き出し方式の空調を使い、来場者が歩く床面付近の室温を低く保つ（出所：日建設計）

パナソニックホールディングス
パナソニックグループパビリオン「ノモの国」

完成したパナソニックグループパビリオン「ノモの国」の外観。芝生に囲まれた広い敷地に金属の銀色が輝く2階建てのパビリオンが立つ。敷地面積は約3500m²。左隣は「三菱未来館」(写真:全て日経クロステック)

8の字フレームを最高15m積層
薄い外装膜は竣工直前に取り付け

パナソニックホールディングス(以下、パナソニックHD)は2024年9月19日、大阪・関西万博に出展するパナソニックグループパビリオン「ノモの国」の建物を報道陣に公開した。建物は24年8月末に完成している。

パナソニックHDは外観だけでなく、内装工事中の館内で展示室のイメージまで説明した。参加したのは同社の小川理子関西渉外・万博推進担当参与と同社万博推進プロジェクト総合プロデューサーの原口雄一郎氏、そしてパビリオンの外装デザインを担当している永山祐子建築設計の永山祐子氏の3人だ。

全パビリオンの中でも常に先頭集団として建設に奔走してきただけに、小川氏は「ようやくここまで来た」と感慨深げだ。永山氏は「建築コンペに参加するため最初に描いたパビリオンのファーストスケッチが、ほとんどそのまま建物の形になった珍しいケース。とてもうれしい」と喜ぶ。

建物が完成したとはいえ、まだ竣工はしていない。現在はパビリオン全体が銀色の塊に見えているが、この後8の字形の鉄製フレームを組み合わせたファサードに約750枚の薄い膜を取り付ける。

万博会場の「東ゲート」を抜けてすぐの好立地に立つ。東ゲート側にパナソニックのロゴマークが見える

パビリオンの前で会見したパナソニックホールディングスの小川理子関西渉外・万博推進担当参与(左)と、外装デザインを担当している永山祐子建築設計の永山祐子氏

パビリオンを覆うファサードの下を通る

鉄製フレームにオーガンジーの膜を取り付けた実験の様子。オーガンジーは通常、建材に使うものではないので耐久性などの事前検証が欠かせない

建物の入り口付近に設けた大きな庇から垂れ下がるファサード

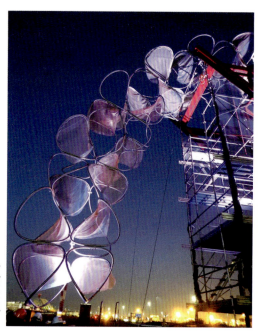

膜を取り付けたファサードの照明テスト。パビリオンは夜間、日中とは全く違った表情を見せる

　膜の素材は舞台衣装などに用いる半透明のオーガンジー生地に、金属スパッタリング加工を施したものだ。膜が汚れないように、竣工予定である25年2月直前の同年1月に取り付ける計画である。実際のフレームに膜材を取り付けたテストを実施した。

　パビリオンは完成すると、風になびく柔らかな膜で覆われることになる。今回紹介する建物の外観とは見た目が大きく変わる。万博会場は海側から常に風が吹いており、薄い膜は風を受けて絶えず形が変化する。ファサード全体では二度と同じ形が現れない。

　ファサードは鋼管を3次元曲げ機で8の字にねじるように成形し、それらをアーチ状に積み重ねている。フレームに使う鋼管の直径は3種類あり、力がかかるファサードの上下部分が最も太くなっている。ファサードの高さは最大で約15mある。

　建物全体が銀色に見えるのは、外壁の多くをステンレス鏡面板で仕上げているからだ。薄いステンレス板を折り曲げてふいており、表面には凸凹がある。鏡面に膜のファサード

パビリオンの入り口。来場者をノモの国に誘う。銀色の壁の裂け目から中に入る

ノモの国の内部構成。「カガミイケの奥深く」「ノモの森」「古木の谷」「大空へ」の4ゾーンから成る「Unlock体験エリア」と、展示エリア「大地」に分かれる（出所：パナソニックホールディングス）

ノモの国のスタッフが着るユニホーム

大地の展示イメージ。研究開発中の技術を紹介するエリアで、シアノバクテリア（光合成微生物）やペロブスカイト太陽電池、生分解性セルロースファイバーなどを展示

がゆがんで映り込み、ファサードが拡張して見える効果を狙っている。

膜が付き、照明を当てると、夜のパビリオンは雰囲気が一変するだろう。照明テストも進んでいる。

設計は永山祐子建築設計の他、大林組と構造計画研究所、アラップが手掛ける。施工は大林組だ。構造は鉄骨造で、地上2階建てである。

パナソニックHDはパビリオンで使う鉄骨の柱や梁に、家電リサイクル鉄を用いる。基礎には大林組が開発した低炭素型コンクリート「クリーンクリート」を採用している。環境への配慮も忘れない。

続いて、パビリオンの内部に進もう。

ミスト演出など5つの空間構成

パビリオンの内部は全部で5つの空間で構成する。前半の4つのゾーンが922m²ある「Unlock体験エリア」、最後の空間が165m²ある展示エリア「大地」になる。パビリオン全体の延べ面積は約1730m²で、1階の展示空間はかなり広い。

架空の世界であるノモの国では、パナソニックグループが来場者の行動や表情をカメラやセンサーで解析したり、独自の感性モデルで各自の個性をコンテンツに反映したりする。そして「蝶」をモチーフにした1人ひとり異なるストーリーを提供するという。主なターゲットは、2010年以降に生まれた「α（アルファ）世代」の子どもたちだ。

8の字が連なるファサードは「循環」を表すとともに、ノモの国に登場する蝶の群れにも見立てている。

パビリオンはこれから内装工事が本格化する。展示物はまだないので、報道陣には代わりにAR（拡張現実）端末を配布。展示イメージを確認しながら、館内を内覧した。

ノモの国にはパナソニックグループの空間演出技術が数多く盛り込まれる。23.4チャンネルの立体音響システムや来場者の行動を解析するための結晶型デバイス、表情を捉えるカメラなどだ。

ゾーン3と4の間に設ける「ミストの滝」は、ハイライトの1つになる。粒径6μmの微細ミストを噴射し、空中に7m×3.5mのスクリーン「ミストウォール」を出現させて、そこに映像を投映する。ミストの壁は通り抜けられる。ゾーン4では直径1.3mの映像が空（天井）から落ちてくるようなミストと映像を融合した迫力の演出も用意する計画だ。

体験エリアの後は、パナソニックグループが研究開発しているこれからの技術の展示エリア（大地）を見学して終了となる。

会場のシンボルである大屋根（リング）の方向を向いた民間パビリオン「三菱未来館」の先端部。建物が宙に浮いているように見える（写真：特記以外は日経クロステック）

三菱大阪・関西万博総合委員会
三菱未来館

仮設材で仕上げた「浮かぶ建築」
建物の下に雨宿りができる空洞

「このパビリオンは地上から浮いているのか？」。三菱グループの三菱大阪・関西万博総合委員会が出展する民間パビリオン「三菱未来館」に近づくと、ちょっとした驚きがある。地下には大きな空洞がある。

三菱未来館は「地上に浮かぶパビリオン」を建築のコンセプトにした。跳ね出したスラブが宙に浮いているように見える。実際は構造用ワイヤで吊り上げている。

浮遊感を高める工夫は随所に見られる。まず他のパビリオンではほとんど見かけない、半屋外の地下空間を建物の下に整備した。パビリオンの待機場所になるだけでなく、誰でも自由に入って日陰で休憩できる。

建物を覆う外装材には、半透明のポリカーボネート折板を採用している。軽いポリカーボネートで、パビリオンを軽やかに仕上げている。内側の木材が透けて見える。ポリカーボネート折板は、建設現場で仮設材としてよく用いられるものだ。通常、建物の仕上げには使わない。

だがサステナビリティー（持続可能性）がテーマである今回の万博にあって、「半年間しか稼働しないパビリオンなので、つくり込み過ぎないようにした。万博が閉幕して建物が解体された後は、次の建設現場ですぐに使える仮設材を多用している」。三菱地所設計デザインスタジオの荒井拓州チーフアーキテクトは、三菱未来館のこだわりを説明する。

三菱未来館は仮設材の宝庫だ。訪れたら探してみるといい。単管パイプやクランプ、足場板、ブルーシート、金網、養生ネット、土のう袋、建設現場で使う照明（スタンドライト）や扇風機（工場扇）など。これらの仮設

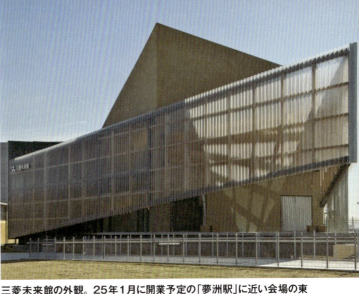

三菱未来館の外観。25年1月に開業予定の「夢洲駅」に近い会場の東ゲートから入ってすぐ左手に立つ。外装材は半透明のポリカーボネート折板（写真：生田 将人）

船の舳先（へさき）にも見えるパビリオンの先端

三菱未来館では建物の下に大きな地下空間を設けた

三菱地所設計デザインスタジオの荒井拓州チーフアーキテクト。内部からはポリカーボネートを通して、会場の風景が見える

地面を掘り下げて設けた地下空間。日陰で風も抜け、建設現場で使う扇風機も置かれているので涼しい。土の法面（のりめん）は土のうで浸水を防ぐ。大雨などで地下空間が浸水したときに備えて排水ポンプを整備している

材は何度も使い回すことを前提にしており、市販品は価格も安めだ。他にも通常は下地材として使うLGS（ライトゲージスタッド、軽量鉄骨下地）も仕上げに使っている。

パビリオンは正面の階段から地下空間に下りるところから始まる。地下空間を設けるために掘った土はパビリオンの周りに盛って外構の造成に使い、建物を解体した後には埋め戻す。地盤を掘削した上で、リサイクルが可能な鋼管の杭基礎を採用することで建物の接地面も減らしている。

パビリオンのテーマは「深海から宇宙への旅」である。そこで地下空間

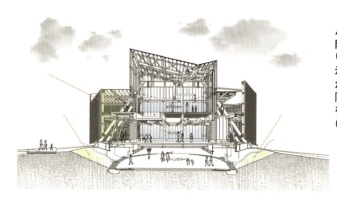

パビリオンの断面図。階段で地下空間に下り、そこから地上の展示空間に移動する。下から上への動線計画で「深海から宇宙への旅」を建築でも表現（出所：三菱地所設計）

地下空間の中央部に設けた階段を上って、地上1階の展示空間に移動（写真：生田 将人）

から地上の展示空間に移動する動線計画にしている。

敷地面積は約3500m²、延べ面積は約2100m²。構造は鉄骨造、一部木造。設計は三菱地所設計、施工は竹中工務店・南海辰村建設・竹中土木共同企業体（JV）が手掛けた。

三菱未来館は万博パビリオンの建設完了で第1号になった。24年9月24日には2025年日本国際博覧会協会による完成検査が実施され、合格。「完了証明証」の交付を受けた。同年10月1日には竹中JVからの引き渡しが完了している。つくり込み過ぎないことが短工期にもつながっている。10月2日からは展示・内装工事が始まった。

それでは地下空間の中央にある階段を上って、展示空間に行ってみよう。

解体後に仮設材は次の現場へ

メインの展示室は2階にある。海から空への上下移動を想起させる通路を巡る。

映像を楽しんだ後は、半屋外のテラス空間でくつろげるようにしている。冒頭の写真で見たパビリオン先端の内部は、休憩用の三角パークだ。ポリカーボネートの先に会場の大屋

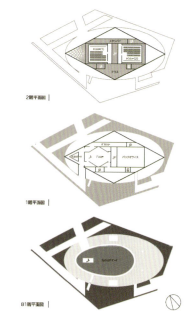

平面図。地下1階から地上2階までの3層構造。不整形の敷地に大きな楕円を描き、その中にひし形の輪郭をした外壁を設ける。展示空間はひし形の中の長方形に収めた。楕円とひし形、長方形というシンプルな幾何学図形の組み合わせでパビリオンをデザインした（出所：三菱地所設計）

根が見える。ポリカーボネートは透過性が高く、照明がなくても自然光で十分に明るい。

会場のメインストリートを通ってくると、ポリカーボネートが目に付く。ただし、ひし形の平面をした外壁の半分がポリカーボネートで、残り半分は仮設の足場材で構成している。パビリオンの裏側に回ってみると、銀色をした金属板がパビリオンを

1階と2階をつなぐエスカレーター空間。天井にブルーシートを波形に取り付け、エスカレーターは青く光らせる。海から空への移動を色で表現

覆っているのがよく分かる。きっと全く違うパビリオンに見えるだろう。

パビリオンの中を歩いていると、足場材の裏側が見える。ここで初めて、金属の外壁もあることに気づく

格子状の木材（放射格子架構）で外力に弱いポリカーボネート折板を支え、外壁の変形を抑える

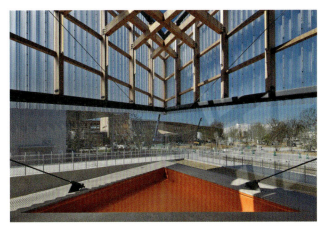

のんびりできるテラスのような半屋外空間。木集成材の架構は世界最大級の木造建築物になる会場の大屋根と向き合うように設計した（写真：生田 将人）

市販の足場材を会場の近くを通る一般道側の外壁に使っている。銀色をした金属製の外壁が仮設の足場材でできていることに、ほとんどの人は気づかないかもしれない

人がいるかもしれない。

　三菱地所設計の荒井氏は、約20年前に開かれた愛知万博でも三菱館の設計に関わった。「人生で2回、万博パビリオンの設計を経験できた」と振り返る。そんな荒井氏は愛知万博で、傘を差しながらパビリオンの待ち行列に並ぶ人たちを見て申し訳ない気持ちになった。その光景を忘れられない。

　「地下空間は予約なしに誰でも入れるので、雨宿りや日よけにどんどん使ってほしい」。地下空間は荒井氏にとって、思い入れが強い場所だ。人の往来が激しくなると予想される東ゲート付近の穴場スポットになるかもしれない。

メインコンテンツとなる映像を見るシアター空間。床から天井まで曲面のLEDスクリーンで覆う。写真はそのための骨組み。座席も設けて映画館のようにする

金属製の足場材にもともと空いている無数の滑り止めの穴が床に丸い影を落とす。通気性も高い。足場材は再利用できるように元のサイズのまま取り付けている

（写真：日経クロステック）

NTT
NTT Pavilion

NTT館は小さな銀色の布をまとう
構造材に糸のような炭素繊維ワイヤ

NTTが出展する民間パビリオンは、銀色に輝きながら揺らめいている。姿を現した「NTT Pavilion」は上空から見ると、正方形の平面をした3つの平屋の展示棟で構成されている。

来場者は3つの展示棟を順に巡る。パビリオンの設計はNTTファシリティーズ、施工は奥村組が手掛ける。2024年12月に竣工予定だ。

建築的な特徴は大きく2つある。1つは、小さな布材を何枚も並べてパビリオンを覆い、日よけにすること。もう1つはカーボンファイバー（炭素繊維）のワイヤを用いて、パビリオンを支えることだ。

NTTファシリティーズ西日本事業本部ファシリティソリューション部エンジニアリング部門建築設計担当の畠山文聡部長は、「普段は建材として使わない布を用い、カーボンファイバーワイヤを構造材の一部に採用した。2つの大きなチャレンジをしている」と話す。

合計約3万枚ある銀色の小さな布材の集合体で構成する外装壁は、風になびく。少し離れて外装全体を眺めると、布の壁がまるで生きているよ

NTTが出展する民間パビリオンを上空から見た様子。3つの展示棟と事務棟の計4つの分棟構成
（写真：奥村組）

布を用いた外装のモックアップ。風の流れで布材が揺れて軌跡を描き、動的なファサードに見える（写真：NTTファシリティーズ）

職人の手で布材を取り付ける
（写真：日経クロステック）

短冊状のカラフルな布を合計約14万枚、パビリオンの壁に取り付ける
（写真：NTTファシリティーズ）

NTT Pavilionの完成イメージ。敷地面積は約3500m²、延べ面積は約1350m²。高さは約11m（出所：NTT）

うに動いて見える。風の流れに従って小さな布がはためき、壁の表面に動く模様ができるのだ。外装の見た目は変化し続けている。

「自然現象を建築で可視化したいと考えた。夢洲は常に風が吹いているので、風で動くファサードを考案した」（畠山氏）

光の当たり方次第では、布の色が違って見える。特に夕日が差すと銀色の布が金色に輝くことがある。

レースカーテンなどに使われるポリエステル製の布に金属スパッタリング加工を施した銀色の外装材は、職人が手作業で取り付けている。細かく織り込まれた布材は鎖かたびらのような模様をしている。

3万枚の布材を取り付けるのは大変な作業だ。奥村組西日本支社NTTパビリオン工事所の河崎博所長は「根気が要り、暑さとの闘いだった」と振り返る。

ところが布材は、これだけではない。外装壁の内側にもう1つ別の布材を使って、パビリオンを装飾している。展示棟の壁そのものに取り付けるカラフルな布だ。

PLA（ポリ乳酸）を原料とする植物由来の布を短冊状にし、合計約14万枚を壁に直接付ける。ランダムに見える布の配置は、NTTファシリティーズが全て指示した通りに奥村組が施工した。

近寄ってみるとカラフルな布が幾重にも重なり、立体的に取り付けられているのが分かる。こちらも涼しげに風になびいている。

壁の下部には布が付いていないが、ここにも開幕後には、同じく短冊状の布が付く。来場者に布を付けてもらうのだ。

会期中にさらに約3万枚のカラフルな布が来場者自身の手で追加され、パビリオンは少しずつ見た目を変えていく。布のカラーは30種類以上用意する。

NTTのパビリオンは、建物とそれを囲む外装壁の2重構造になっている。パビリオンの周囲を銀色の外装壁で覆い、その内側にある建物の壁にはカラフルな布を付ける。手が込んでいる。

24年11月に入り、外周を覆っていた足場が外され始めた。すると銀色の外装壁とカラフルな布がキラキラ輝きながら風でたなびく姿をはっきりと確認できるようになった。

建物と外装壁の間は約2.5mあり、通路になる。3つの展示棟の隙間を含め、建物の周囲は緑化して公園のようにし、誰でも立ち入れるように開放する。

「内部展示を見るだけでなく、建物の周りでくつろいでほしい。展示だけでなく、外部空間での自由な滞在もNTTのパビリオン体験と捉えてもらいたい」（畠山氏）

建物の周りに縦横無数のワイヤ

パビリオンの周りを見ると、糸のような白いワイヤが目に付く。ワイヤは

展示棟の屋上にもワイヤが延びる
(写真：奥村組)

展示棟の構造図
(出所：NTTファシリティーズ)

ワイヤを地上の土台につなぎ、レンチで締め付けて張力を調整
(写真：NTTファシリティーズ)

銀色の外装壁の奥にカラフルな布が見える。建物と外装壁の間は通り抜けられる
(写真：日経クロステック)

展示棟の鉄骨梁の一部が外部に飛び出している(出所：NTTファシリティーズ)

　建物の上部と地上を結ぶ縦方向のものもあれば、展示棟の屋上付近を横方向に延びるものもある。

　合計約1500本のワイヤがあり、まるでくもの巣のようだ。ワイヤの直径は9mmあり、非常に丈夫で軽い。パビリオンの構造は鉄骨造、一部カーボンファイバー造だ。

　半年間限定のパビリオンから鉄骨を減らし、「長期荷重を負担する架構の構造材としてカーボンファイバーワイヤを日本で初採用した」(NTTファシリティーズ東日本事業本部都市・建築設計部構造設計部門第一設計室の岸本直也主査)。奥村組も初めて施工した。

　鉄骨の梁が建物の外側に斜めに飛び出している。その梁に構造用のカーボンファイバーワイヤをつなぎ、地上から引っ張り、張力で屋根架構を支える。

　しかも外部に出ている梁は、正方形の平面を左右に10度ずつ回転させた位置にも現れる。梁の一部は隣の展示棟の梁に接するほど近くまで延び、そこにワイヤがつながる。非常に複雑な接続形態になっている。

　ここまでパビリオンの特徴である布とカーボンファイバーワイヤに注目してきた。建築としては挑戦的だが、どこかNTTらしさには欠ける気もする。コンセプトは「感情をまとう建築」だが、感情表現とは何を意味しているのだろうか。

　実は糸のようなワイヤの一部には、楽器の弦のように触れると音が鳴る仕掛けを用意する。ワイヤにセンサーを付け、来場者が触れて感知して音に変換して鳴らす。それが感情表現になる。今後は弦に見立てたワイヤの「調律」を進める。

　そう言われると、糸のようなワイヤは「ネットワーク(通信網)」のように思えてきた。

　カラフルな布を来場者が壁に付けて帰るのも、万博を訪れた人の感情を色で記録するものだ。こうしてパビリオンの見た目も変化していく。

　NTT Pavilionは夢洲駅に近い会場の東ゲートを抜けると、すぐ右手に見えてくる。非常に目立つだろう。

（写真：生田 将人）

住友EXPO2025 推進委員会
住友館

ヒノキとスギで覆うパビリオン 住友グループの母なる別子銅山に着想

　海に浮かぶ人工島の夢洲に、木で覆われた山のシルエットを描くパビリオンができつつある。住友グループ（住友EXPO2025推進委員会）が出展する民間パビリオン「住友館」だ。

　パビリオンは住友グループが発展する礎となった、愛媛県新居浜市にある「別子銅山」の峰がモチーフになっている。基本設計は電通ライブと日建設計、実施設計は電通ライブと三井住友建設が手掛ける。施工は三井住友建設・住友林業JV（共同企業体）だ。

　2024年7月時点で、工事の進捗は約65%。鉄骨の建て方を終え、屋根や外壁への合板の設置を進めている。建物は同年12月に竣工する予定だ。

　住友館は2棟構成で、来場者が展示を巡る「メイン棟」（延べ面積2268.44m²）とバックヤードとして使

住友グループが出展する民間パビリオン「住友館」。2024年7月撮影
（写真：日経クロステック）

住友館の完成イメージ。外観全面に木材を使う
（出所：住友EXPO2025推進委員会）

別子銅山の峰
（写真：住友EXPO2025推進委員会）

施工途中の屋根。ヒノキの構造用合板や断熱材、改質アスファルトシートが見える
（写真：日経クロステック）

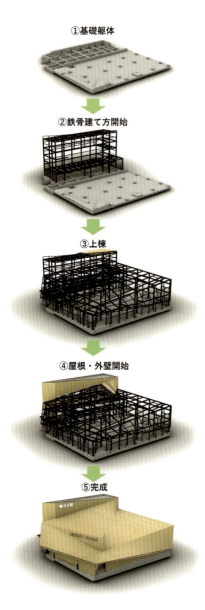

住友館の施工スケジュール
（出所：電通ライブ、三井住友建設）

住友館の平面図（出所：電通ライブ、日建設計、三井住友建設）

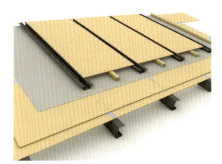

基本設計時の屋根仕上げイメージ。野地板と屋根材の合板の間は排水路にもなる
（出所：電通ライブ、日建設計）

う「BOH棟」（同449.28m²）から成る。2棟とも地上2階建て。

建物の特徴は、メイン棟の外装に使う木材である。パビリオンは完成すれば、木の塊のように見えるという。

住友館はヒノキ材とスギ材を使い分ける。屋根と外壁にはヒノキの構造用合板、エントランス周辺にはスギの角材を主に使用する。どちらも住友グループが別子銅山に保有する「住友の森」から切り出す。

今回の取材では、屋根と外壁に合板を張っているタイミングで現場を撮影した。屋根仕上げの構成は、以下の通りだ。

野地板として合板を張った上に、防水の改質アスファルトシート、カラー鋼板、断熱材などを設置する。屋根材にも合板を使う。

「木材の総量を抑えつつ広範囲に使用するため、厚さ9mmの薄い合板を用いる。埋め立て地である夢洲の地盤は軟弱なので、建物を軽くする必要があった」。日建設計設計グループアソシエイトの白井尚太郎氏は、そう説明する。ヒノキ合板の総量は、約250m³になる。

1本ずつねじれる鉄骨で屋根を構成

山並みを表す曲面状の屋根を構成

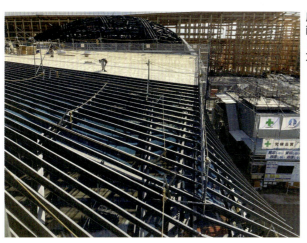
屋根の鉄骨部分。直線状に配置した鉄骨がわずかにねじれている（写真：三井住友建設・住友林業JV）

屋根の鉄骨を見上げる。鉄骨をずらしながら配置していき、曲面の屋根をつくる（写真：日経クロステック）

住友館の外壁。全面に張られた木材は迫力がある（写真：三井住友建設・住友林業JV）

外壁の合板を触ってみると、木材の感触が伝わってくる（写真：日経クロステック）

大きく飛び出た庇の下に、角材で凸凹を付けた壁面が見える（出所：住友EXPO2025推進委員会）

する鉄骨1本1本は直線だ。ただし、間近で見ると微妙にねじれている。ねじれに合わせて合板を曲げながら張っていくことで、屋根が滑らかな曲線を描く。

「BIM（ビルディング・インフォメーション・モデリング）でつくった3Dモデルを鉄骨製作工場（鉄骨ファブ）と共有し、鉄骨のねじれを鉄骨製作図に反映した」と、三井住友建設・住友林業特別共同企業体万博住友館作業所の福田淳主任は説明する。

メイン棟の外壁は主に、エントランスの反対側にある。外壁の施工は終盤を迎えており、合板が張られている。屋根まで張り終わると、住友館はまさに木の塊のように見えるだろう。

エントランス周辺には、様々なサイズのスギ角材をランダムに取り付ける。角材の長さは4mで、105mm×105mmを240本、45mm×90mmを280本、45mm×45mmを480本使う。

3種類の角材を使うことで、木の年輪や大地の地層といった「時の積層」を表現する。使うスギが別子銅山に植樹されたのは1970年。前回の大阪万博の開催年と重なる。

合板は、木材をかつらむきにした薄い単板を張り合わせてつくる。かつらむきの後に残った芯棒は、通常は廃材になる。

住友館で使うヒノキ合板も同様の方法でつくるが、「芯棒も活用し、万博会場に設置するベンチなどをつくることを検討している。木を余すところなく使い切る」。電通ライブ空間プロデューサーの本間誠也氏は、そう語る。

住友館の敷地では、植樹体験もできる。植えた木は万博閉幕後、別子銅山に移植する計画だ。

ゼリ・ジャパン
BLUE OCEAN DOME

竹、CFRP、紙管を使う3つのドーム 海をテーマに坂茂氏が新素材で設計

既に3つのドームの構造はほぼ完成している。屋根は不燃膜材で覆う予定で、2024年11月時点で半分以上は屋根膜の取り付けが完了していた（写真：特記以外は坂茂建築設計）

海をテーマにした民間パビリオン「BLUE OCEAN DOME（ブルーオーシャンドーム）」は、構造がユニークだ。大小3つのドームにそれぞれ異なる特性の構造材を用いる。

出展する特定非営利活動法人ゼリ・ジャパンは2023年8月に記者会見を開き、概要を説明した。総合プロデューサーに日本デザインセンターの原研哉氏、建築プロデューサーには坂茂建築設計の坂茂氏を起用した。

メインテーマは「海の蘇生」だ。ゼリ・ジャパンは海洋プラスチックご

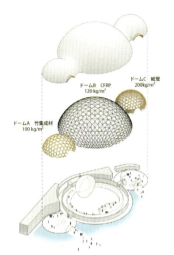
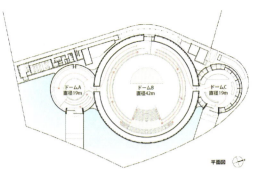

3つの素材でドームをつくる
3つのドームで1つのパビリオンを形成する。高さ約15mと巨大なドームになる。右は平面
（出所：ゼリ・ジャパン、坂茂建築設計）

完成イメージ（出所：ゼリ・ジャパン）

みによる追加的な汚染を「50年までにゼロにする」目標を掲げている。

パビリオンの建築でも環境に十分配慮し、日本の竹と炭素繊維強化プラスチック（CFRP）、紙管の3つの素材を構造材に使う。それぞれの素材で3つのドームをつくり、屋根には不燃膜材を採用。それら一体でパビリオンを形成する。

基本・実施設計は坂茂建築設計、構造設計と設備設計はアラップ、施工は大和ハウス工業が担う。敷地面積約3500m²、延べ面積約2200m²、最も大きな中央のドームBの高さは約15mとなる。

メーカーと共同試験も実施

竹は強度が高く、古くから使われてきた。しかし、「サイズがふぞろいで、かつそのまま使うと直射日光で割れてしまう弱点がある。そこで集成材として加工し、強度を安定させる」（坂氏）。竹田木材工業所と協業し、国産の竹を使った集成材を用意する。

CFRPについては、坂氏がかつて海外でトラス梁に使って実用化した事例がある。CFRPは鉄と同程度の強度を持ちながら、比重が約5分の1と軽いことが利点だ。

このパビリオンではCFRPのグリッドシェル構造でドーム空間を構築し、建築物の重さを抑えて杭を打設せずに施工する。坂茂建築設計は東レ・カーボンマジックと共同でCFRP構造の安全試験を実施する。

坂氏は2000年の独ハノーバー万博で「日本館」を設計した。その際は、再生紙からつくった紙管を構造材に使った。紙管は坂氏が被災地の救援活動で用いることが多い、軽くて丈夫な素材だ。坂氏のシグニチャーになっている。万博ではドームの構造体になるため、段ボール大手のレンゴーが古紙を原料としながらも強度が高い紙管原紙を提供する。

左上はCFRPを構造材に使うドームB。右上が竹のドームA。左下が紙管のドームC。右下は3つの素材サンプルで、左から竹の集成材、CFRP、紙管（写真：右下はゼリ・ジャパン）

ドームCで紙管の構造を組み立てているときの様子

バンダイナムコホールディングス
GUNDAM NEXT FUTURE PAVILION

17mガンダムの「上頭式」開催
新作映像で宇宙の暮らしを展示

大阪・関西万博に実物大のガンダムが登場——。バンダイナムコホールディングスのバンダイナムコグループ ガンダムプロジェクトは2024年10月23日、出展する民間パビリオンを初公開した。

「GUNDAM NEXT FUTURE PAVILION（ガンダムネクストフューチャーパビリオン）」に立つガンダム像がメディアに初めてお披露目された。同日、ガンダム像の頭部を胴体にドッキングする「上頭式」を建設現場で開催した。

頭部の取り付けは、約5分で手早く完了した。クレーンで頭部を持ち上げ、胴体の穴に差し込んで留め付ける。

全高が約17mあるガンダム像は、アニメ『機動戦士ガンダム』のシリーズに登場する型番「RX-78F00／E

バンダイナムコホールディングスの民間パビリオン「GUNDAM NEXT FUTURE PAVILION（ガンダムネクストフューチャーパビリオン）」
（写真：全てバンダイナムコホールディングス、©創通・サンライズ）

パビリオンの屋外に設置するガンダム像の頭部を胴体にドッキングする「上頭式」を建設現場で開催

上頭式の参列者。左がBANDAI SPIRITS代表取締役社長で、バンダイナムコグループの榊原博チーフガンダムオフィサー

クレーンでガンダムの頭部を持ち上げる

パビリオンのサイン。建物の設計・施工は前田建設工業、展示内装とガンダムの設計・施工は乃村工芸社がそれぞれ手掛ける

パビリオンの模型

パビリオンの外観イメージ。未来のスペースエアポートを想定している（出所：バンダイナムコホールディングス、©創通・サンライズ）

ガンダム」として、パビリオンで上映する映像で動き回る。

ガンダム像は手を宇宙に向かって掲げ、その先にある未来を見据えて人類と共に新たな宇宙時代を切り開く姿を表しているという。

ガンダム像の全高は空に向けた指先まで含めて16.72m、頭頂高が12.31m。総重量は49.1トン。なお、大阪・関西万博に設置するガンダム像は稼働しない。

パビリオンの場所は会場の西側（西工区）で、大屋根（リング）の外側に位置する。バスターミナルができる西ゲートの目の前だ。世界的に人気のキャラクターであるガンダムが来場者を出迎えることになる。

映像と展示で宇宙の暮らしを表現

パビリオンでは、ガンダムシリーズで描かれてきた宇宙での暮らしや、まだ実現していない科学技術を未来の可能性と捉え、新作映像とパビリオンの空間展示を通して紹介する。

人々が「軌道エレベーター」に乗って宇宙ステーションに移動し、人型兵器「モビルスーツ」と人類が共存する「宇宙で暮らすことが当たり前になった未来」を疑似体験する。そのときガンダムは兵器ではなく、人と共に生きるものとして存在することを示す。

1979年にテレビ放送が始まった機動戦士ガンダムは、人類が宇宙に住む架空の時代「宇宙世紀（Universal Century）」を舞台に、ガンダムが存在する世界を描いている。ガンダムを現実世界で動かしたいとの思いから、2020年には高さ18mの「動くガンダム」を横浜に展示した実績がある。万博では横浜の動くガンダムで見えた未来のイメージをもう一歩進めた世界観を来場者と共有する。

Part2 目玉のシグネチャーパビリオン

白い傘から伸びる木パーツ触手
小堀哲夫氏が木材再利用を設計

中島さち子プロデューサー
いのちの遊び場 クラゲ館

クラゲに見立てた建築デザイン
屋根全体の大きさは約40m×約35m。クラゲが触手を伸ばしているように見えるデザインを、直方体の木パーツで表現した。写真の人物は設計者の小堀哲夫氏。2024年7月撮影
(写真：特記以外は生田 将人)

茶色の鉄骨トラスと木パーツで「森」を形成
屋根の下は鉄骨トラスと木パーツが入り乱れ、さながら森のようだ。外から見た以上に広く感じる

8人いるテーマ事業プロデューサーの1人である中島さち子氏のパビリオンはその名の通り、クラゲのような造形をしている。白い傘屋根から、触手のような無数の木パーツが四方八方に伸びる。

クラゲ館の白い傘は、約30m×約30mの膜材でできている。大阪・関西万博の会場でよく目立つ。夜間には深海に住むクラゲのように、傘が

パビリオン1階は土手のような遊び場に
パビリオンの地上1階は土手のような場所「プレイマウンテン」になる。地上から立ち上がっている壁がプレイマウンテンになる高さで、このときはまだ施工は始まっていなかった。土手にスロープを通し、遊具を配置する

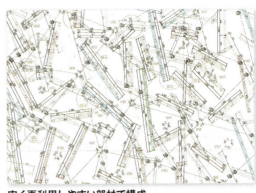

安く再利用しやすい部材で構成
鉄骨トラスと木パーツの接合図。ジョイント部材「グローブ」で鉄骨トラスをつくり、単管をつなぐのに使う「クランプ」を付ける。クランプに木パーツをつなぎ、その先は穴を開けた木パーツ同士をロープで結ぶ。どの位置にどの木パーツを付けるかは番号を振って管理
（出所：下2点もsteAm Inc. & Tetsuo Kobori Architects & Arup All Rights Reserved）

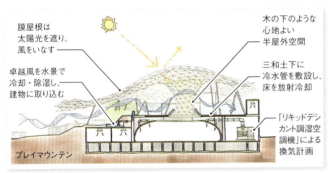

屋根は鉄骨トラスと方杖で支える
クラゲ館の構造イメージ。屋根は鉄骨トラスと建物周縁の方杖で支える

木パーツを吊るして「創造の木」を形成
屋根の下は開放された場所にする。鉄骨トラスの周りに木パーツを組み合わせて形づくる「創造の木」を配置。木パーツは部材1つひとつが「粘菌」のように増殖する生命体も表現している

「発光」する。

触手に見立てた木パーツが屋根の外周を覆っている。木造だと思うかもしれないが、構造は鉄骨造。よく見ると、茶色の鉄骨トラスを確認できる。

足場が組まれた屋根の下に潜り込むと、小さな部材が空間を埋め尽くしている。ここは誰でも入れる半屋外空間になる。

クラゲ館は「プレイマウンテン」と呼ぶ土手のような丘の上に立つ。パビリオンは2階建てで、土手が1階、屋根下の半屋外空間が2階になる。

これから施工するプレイマウンテンに曲がりくねったスロープを通し、遊具を設け、2階に上れるようにする。プレイマウンテンには暗闇に包まれた内部空間があり、映像や音楽などのコンテンツを展開する。

鉄骨トラスと木パーツの「森」

屋根は鉄骨トラスと方杖で支える。鉄骨トラスに木パーツを吊るし、全体で大きな木のように見せる。トラスの要は「グローブ」と呼ぶ丸いジョイント部材だ。鉄骨を接続し、トラス構造を構成。そこに木パーツをつなぐ。木パーツ同士はロープで結ぶだけだ。

設計者の小堀哲夫氏は、「木材の再利用を最初から考えて設計した。木パーツは利用しやすい直方体で、長さは6種類に絞った。溶接は極力せず、ロープをほどけば、すぐにまた使える」と明かす。

基本設計は小堀哲夫建築設計事務所とアラップ、実施設計・施工は大和ハウス工業とフジタが手掛ける。クラゲ館は大和ハウスが現物協賛者になり、パビリオンを建設・提供する。

廃校3棟を移築するシアター
落書き残る木造柱など再構築

黒ずんだ古い木の柱や梁
パビリオンの建設現場に古い木材が立ち始めた。廃校になった木造校舎を解体し、部材を運んでパビリオンとして再構築する。足りない部分や補強すべきところは直しながら使う（写真：右上も生田 将人）

河瀬直美プロデューサー

Dialogue Theater ―いのちのあかし―

校舎を分割したり持ち上げたりする
パビリオンのモデル。左の「エントランス棟」と奥の「対話シアター棟」、そして離れとなる右の「森の集会所」で構成する。3棟に囲まれた敷地中央の庭には、校舎の近くに立っていた大きなイチョウの木も移植（出所：下2点も2024 Naomi Kawase／SUO、All Rights Reserved.）

新築するより大変な移築作業
校舎を解体した部材を倉庫に一時保管し、状態を確認・補強する。パビリオンには校舎の形を残す部分と大胆に変える部分が混在する

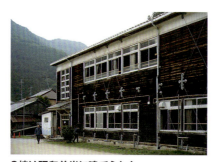

3棟は昭和前半に建てられた
奈良県十津川村の「旧折立中学校」。2012年に閉校したが、改修すれば使える状態だった

映画作家の河瀬直美氏がプロデューサーを務めるパビリオンは、建物に廃校となった木造校舎を使う。合計3棟を会場に移築。2階建ての校舎は分割して積み上げるなど大胆に再構成して、パビリオンをつくる。

3棟はいずれも、昭和前半に建てられた校舎だ。移築するのは、奈良県十津川村の「旧折立中学校（北棟・南棟）」と京都府福知山市の「旧細見小学校中出分校」。旧折立中学校（南棟）がパビリオンの「エントランス棟」、旧細見小学校中出分校が「対話シアター棟」、旧折立中学校（北棟）が「森の集会所」になる。

解体された校舎の部材は万博会場に搬入され、建て方が進んでいる。木の柱には学校に通った子どもたちの落書きが残っている。

人の記憶が残る場所で対話

基本設計はSUO、実施設計・施工は村本建設・SUO・平岩構造計画・総合設備グループが手掛ける。同グループが実施設計などを15億7000万円で落札した。

エントランス棟とつながる対話シアター棟は小さな劇場だ。そこで初めて出会う2人の予想がつかない「対話」を来場者全員で目撃する場になるという。

セルに「海水練りコンクリート」パネルを取り付け
2.4m四方の鉄骨フレーム「セル」をパビリオンに複数配置する。セルには「海水練りコンクリート」を使ったパネルを取り付ける。写真の人物は、設計者の小野寺匠吾氏
（写真：2024 Shoji Kawamori　Office Shogo Onodera. All rights reserved.）

大阪湾の海水練りコンクリート キューブ50個以上置く新素材館

河森正治プロデューサー
いのちめぐる冒険

アニメーション監督である河森正治氏がプロデューサーを務めるパビリオンは、建築を通して環境を回復することに挑戦する。大阪・夢洲らしく、海の素材をパビリオンに使う。大阪湾の海水だけで練るコンクリートだ。

至る所にセルの展示スペース
円形シアターなどができる本体建物の上にセルが載り始めた。地上にもセルを置き、展示スペースの一部にする
（写真：生田 将人）

河森正治プロデューサーは「宇宙・海洋・大地」に宿る、あらゆる命のつながりを大阪・関西万博で表現する。アニメ「マクロス」シリーズの原作・監督・メカデザインを手掛けた河森氏の創造性をパビリオンに込めた。

基本設計を任されたのは、小野寺匠吾建築設計事務所。実施設計は鹿島・小野寺匠吾建築設計事務所グループ。施工は鹿島が手掛ける。実施設計などは同グループが約10億9000万円で落札した。

パビリオンは1辺が2.4mのキューブ状の鉄骨フレーム「セル（細胞）」を建築の基本単位とする。2.4mというサイズは海運モジュールで、中国で組み立てているセルを運びやすくし、船舶利用のモーダルシフトに貢献。船での運び出しにも便利だ。

複数のセルを積層したり角度を付けて配置したりして、多様な展示空間や休憩スペースをつくる。円形シアターが入る本体建物は2階建てで、建物の上にもセルが載る。

海水100%で練るレシピ開発

合計57個のセルは、鉄骨フレームにコンクリートパネルを組み合わせたユニットだ。今回開発した「海水練りHPC（ハイブリッド・プレストレスト・コンクリート）」（海水練りコンクリート）を使う。

「海水練りコンクリート」の強度試験
真水は使わず、大阪湾の海水だけでコンクリートを練る。海洋資源を有効活用する
（写真：三嶋 一路）

小野寺匠吾氏は、「大阪湾の海水100%の配合レシピを考案した」と胸を張る。

HPCは、HPC沖縄が開発したものだ。緊張材として鋼線の代わりに、腐食しない炭素繊維ケーブルを使う。細矢仁建築設計事務所も新素材の開発に協力した。

落合陽一プロデューサー
null²

風景がゆがんで見える「ヌルヌル館」
落合陽一氏の「null²」では、建物を覆う鏡のような膜を、建築設計を手掛けるNOIZと太陽工業が共同開発した。膜は金属と樹脂を組み合わせたもので「ミラー膜」と呼ぶ。鏡ではなく膜なので、引っ張ったりねじったりでき、映り込む景色が大きく変化する（写真：上は2025年日本国際博覧会協会、右は日経クロステック）

シグネチャーパビリオンは奇想天外

真っ黒な建物を流れ落ちる水
石黒浩氏の「いのちの未来」では、いのちの象徴である水景を建物全体に取り入れる。建築・展示空間ディレクターはSOIHOUSEの遠藤治郎氏。基本・実施設計は石本建築事務所、施工は長谷工コーポレーション・不二建設JV（共同企業体）が手掛ける（写真：下は日経クロステック、右は長谷工コーポレーション・不二建設JV）

石黒浩プロデューサー
いのちの未来

宮田裕章プロデューサー
Better Co-Being

屋根も壁もない透明のやぐら
宮田裕章氏の「Better Co-Being」は、会場中央部に設ける「静けさの森」の一角に位置し、森の中に屋根も壁もない透明なパビリオンを建設する。森との境界を設けず、建築の役割を再定義する。建築デザインはSANAA、キュレーションを金沢21世紀美術館館長の長谷川祐子氏が担当
（写真：2025年日本国際博覧会協会）

福岡伸一プロデューサー
いのち動的平衡館

生命がうつろいゆく流れを曲線や光で表現
福岡伸一氏の「いのち動的平衡館」は、浮かんだような屋根の下で、生命の「動的平衡」を体感できる光のインスタレーションを展開する。建築デザインコンセプトは、NHAの橋本尚樹氏が担当
（写真：生田 将人）

小山薫堂プロデューサー
EARTH MART

茅ぶき屋根に

茅ぶき屋根の下に空想のスーパーマーケット
小山薫堂氏による「EARTH MART」は、全国から集めた茅（かや）を使い、職人が手作業で茅ぶき屋根をつくる。小さな屋根の集積で市場のにぎわいを表現
（写真：2025年日本国際博覧会協会）

パビリオンの鉄骨フレームに鏡面状の膜材を取り付けた（写真：NOIZ）

落合陽一プロデューサー
null²

ヌルヌル館は「動くファサード」風景がゆがむ世界初のミラー膜

メディアアーティストの落合陽一氏が大阪・関西万博でテーマ事業プロデューサーを務めるシグネチャーパビリオン「null²（ヌルヌル）」は動く建築だ。「変形しながら風景をゆがめる彫刻」になるという。

「有史以来、行われてこなかった鏡の再発明」—。風景を変換するための装置の1つが、パビリオンを覆う鏡面状の膜材である。この膜材で「動くファサード」を実現する。落合氏が鏡に注目したのは、このパビリオンのテーマが「いのちを磨く」であり、日本人は古来、銅鏡などの鏡を磨いて大切にしてきた歴史があることが理由の1つだ。

パビリオンの中では来場者の身体をデジタル化し、変形させ、自律的に動作するもう1つの身体を出現させて対話を試みる。生身の体とデジタルの体の「合わせ鏡」とでも言うべきコンテンツを用意するもようだ。未知なる体験が待っている。

落合館を建築の視点で見た場合、鍵を握るのは建物を覆う鏡面状の薄くて軽い外装膜である。普通の鏡は

落合氏のパビリオン「null²（ヌルヌル）」の完成イメージ（出所：2024 Yoichi Ochiai / 設計：NOIZ / Sustainable Pavilion 2025 Inc. All Rights Reserved.）

パビリオンの構造体。24年8月時点で鉄骨フレームは建て方が完了していた。完成イメージとほぼ同じ形に組み上がっているのが分かる（写真：NOIZ）

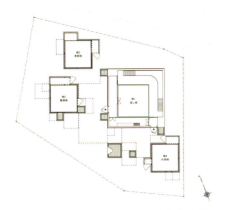

パビリオンの平面図。立方体の建物を分棟配置する（出所：NOIZ）

視察に訪れた落合氏（左）と、パビリオンの設計を担当しているNOIZの笹村佳央氏（写真：以下、特記以外は日経クロステック）

「ホルン型」のミラー膜。中央に大きな曲面の穴があり、眺める角度によって映り込む風景のゆがみ方が変わる。映った空と本物の空の境目が分からなくなるほど、ミラー膜の鏡面性能は高い。穴の一番奥にはLEDを取り付け、完成イメージに見られる赤い目玉のように仕上げる計画だ

眺める角度を少し変えるだけで映り込む風景の見え方が大きく変化する

「平面型」のミラー膜。表面が波打つように揺らぎ、映り込む風景がゆがむ。写真は落合氏がゆがみ具合を確認しているところ。ゆがみに対応できるだけの伸縮性が求められる

割れやすく危険であり、建物の外装材には不向きで使いづらい。ゆがませるのも容易ではないだろう。落合氏の下に集結した設計者やクリエーター、素材メーカーの担当者などが鏡面状のパビリオンを完成させるべく奮闘中だ。パビリオンは2025年1月の竣工を予定している。

パビリオン建築と膜材の開発ではエンジニアでもある落合氏自身が陣頭指揮を執りながら、建物の基本設計はNOIZが、実施設計はフジタ・大和リースJV（共同企業体）、NOIZ、アラップが、施工はフジタ・大和リースJVがそれぞれ手掛けている。建設工事などはフジタ・大和リースJVが約11億8000万円で落札した。さらに膜材の開発・設計・施工には、膜材の専門メーカーである太陽工業と後述するロボットの開発でアスラテックが参画している。

開発メンバーは鏡のような外装材を「ミラー膜」と名付けた。ミラー膜の開発には、既に2年半もの歳月を費やしている。試行錯誤の末、24年8月、ついに実大のモックアップが完成。落合氏がモックアップを視察した。場所はミラー膜を開発している太陽工業の工場がある京都である。

モックアップを制作したのは、大きく2種類のミラー膜だ。1つは4m角の正方形フレームをミラー膜で覆った上で、その中央部を大きな穴のようにくぼませたもの。もう1つは、まさに鏡そのものと言える平面のミラー膜である。前者は楽器のホルンに似ていることから「ホルン型」、後者は「平面型」と呼び分けている。

膜材メーカーとして、大阪・関西万博のパビリオンに数多くの内・外装膜を提供している太陽工業にとっ

平面型は鏡そのものの出来栄えで、表面が揺らいでいないときは周囲の風景がそのまま映り込む。モックアップを設置した屋外の景色が映り込み、森もまた現実と映り込みの境目が曖昧に感じられる。万博会場では大阪・夢洲の空や周囲のパビリオンなどが映り込むことになる

ホルン型のミラー膜の裏側は、中央部がアサガオの花のような漏斗状になっている。深い穴までミラー膜で覆うには高い伸縮性が必要になる

平面型のミラー膜の裏側にウーハー(黒い装置)を設置し、重低音の波動でミラー膜を震わせて表面にゆがみや波紋を出す。周波数の違いで多様な模様が浮かび上がる

ても、落合氏が求めるミラー膜の開発は初めてだ。完成すれば、落合館が世界初実装の場となる。

　太陽工業は膜材の高い鏡面性と、ホルン型で求められる曲面への取り付けに耐えられる伸縮性の両立に悩まされてきた。試作品を何種類もつくり、ようやく今回のモックアップにたどり着いた。視察した落合氏は、「イメージしていた膜材のレベルに仕上がってきた」と満足げだ。落合氏が特に気にしていたのはミラー膜表面の「ヌルっとした感じ」で、ヌルヌルは鏡面の滑らかさを表す言葉でもある。

　本番までにはミラー膜1枚当たりの幅をもっと大きくして、使用する膜材の枚数を減らす改良を続ける。膜材の数が減れば、膜材同士の継ぎ目(目地)が少なくなる。鏡面が一層滑らかになり、見た目も美しくなる。

膜をゆがませる裏側の仕組み

　鏡面に映る風景をゆがめる方法は幾つも考えられるが、モックアップでは3つの方法を試した。まずホルン型では、中央のくぼみの曲面自体が映り込む風景をゆがませる。

　ミラー膜の裏側は、ホルンの本体のような漏斗状になっていた。くぼみをリング状のフレームで固定している。深いくぼみをつくるには、ミラー膜に高い伸縮性が求められる。

　一方、平面型のミラー膜の裏側にはウーハーが設置されている。実験ではウーハーの位置や周波数を変えながら、重低音の波動でミラー膜を後ろから震わせていた。周波数によって表面の揺れ方や波打つような模様が劇的に変化する。

　モックアップの前で落合氏自身がウーハーの位置や周波数の変更を指示し、ゆがみ方を試していた。現場にはウーハーの重低音が響きわたっていた。

　本番では複数台のウーハーを用意する計画だ。騒音レベルにもよるが、

本番ではロボットアームで、ミラー膜を裏側から押したり引いたりする計画 (写真:NOIZ)

ウーハーを含めたオーディオ装置をパビリオンに持ち込めば、流す音楽に合わせてミラー膜を震わせることができるかもしれない。曲目固有のゆがみ方が見られれば、面白いだろう。

　そしてもう1つ、ホルン型と平面型のどちらでも試したのが、ミラー膜を裏側からたたくことだ。太鼓のよ

うにたたけば、薄いミラー膜の表面はゆがむ。円盤状の小さな振動装置をミラー膜の裏側に取り付けて震わせてもいた。いずれも局所的なゆがみが得られる。

今回は人手でたたくという原始的なやり方をしたが、万博会場ではミラー膜の裏側にロボットアームを複数台設置する予定だ。ロボットがミラー膜を裏側から押したり、引っ張ったり、ひねったりする。ロボットアームはファナック製の「協働ロボット」で、人の近くで扱えるタイプを用いる。

今回のミラー膜は鏡面性が高く光をよく反射するため、表面温度が他の膜材より上がりにくいという特性がある。内部環境をロボットの可動に適した温度に保ちやすいメリットがあることも確認できている。

最後に、これからミラー膜を取り付ける万博会場の建設現場を確認しておこう。敷地面積は約1635m²、延べ面積は約655m²。パビリオンは内部に展示物を設ける鉄骨造の2階建ての建物本体と、その周りに取り付ける「ボクセル」と呼ぶ複数の鉄骨フレームの立方体で構成する。

今回制作した実大モックアップは4m四方のボクセルを想定したものだ。4mでもモックアップは見上げる高さだったが、落合館の完成イメージにもあるようにパビリオンの中央には巨大な8m四方のボクセルもできる。かなりの迫力になるだろう。建物の最高高さは約12.25mだ。

パビリオンの中央に最大8m四方のボクセルを設ける（写真：NOIZ）

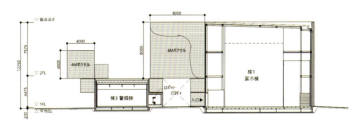

パビリオンの断面図。8m四方のボクセルを確認できる（出所：NOIZ）

基礎にコンクリートを使わず、敷き鉄板を採用する（写真：NOIZ）

鉄骨フレームの立方体「ボクセル」（写真左手）。土工事を減らすため、ボクセルは地面に接しない位置に取り付けている（写真：NOIZ）

建物本体とボクセルの構造設計を手掛けているアラップは半年間限定のパビリオン建築において、サステナブル（持続可能性）で環境負荷が少ない構造体を模索した。落合館は構造部材に、再利用しやすい一般的な鉄骨を用いている。

コンクリートは使わない方針を掲げた。基礎も敷き鉄板にする徹底ぶりである。ほとんどのボクセルは、地面に接しないように建物に取り付ける。そうすることで土工事を最小限に抑える。一部のボクセルは、宙に浮いているように見えるはずだ。

石黒浩プロデューサー　いのちの未来

水膜に覆われた真っ黒なパビリオン　滝の水が見えやすい外装材を選択

水しぶきを上げて流れ落ちる滝が建物を覆うパビリオンが、大阪・関西万博にお目見えする。大阪大学教授の石黒浩氏がテーマ事業プロデューサーを務めるシグネチャーパビリオンだ。その建物が完成した。

大阪大学教授の石黒浩氏がテーマ事業プロデューサーを務めるシグネチャーパビリオン「いのちの未来」（写真：特記以外は長谷工コーポレーション）

　四角い塊のような建物の外観は真っ黒で、壁の表面を水が勢いよく流れる。建物の屋上中央部には円形の筒のようなものが見えるが、この中は吹き抜け空間になっており、最大高さは約17mある。

　長谷工コーポレーションは、石黒氏が手掛けるパビリオン「いのちの未来」館の現物協賛者になっている。同社は2024年10月17日、2025年日本国際博覧会協会に建物を引き渡した。長谷工は万博協賛の最上位クラス「プラチナパートナー」である。

　パビリオンの構造は鉄骨造で、2階建て。設計は石本建築事務所が担当し、長谷工コーポレーションが設計協力した。施工は長谷工コーポレーションと長谷工グループの不二建設が手掛けた。

　日本におけるロボットやアンドロイド研究の第一人者である石黒氏が担当するパビリオンのテーマは「いのちを拡げる」。人と技術が融合して「い

真っ黒なパビリオンの屋上からは、外壁を伝いながら水が滝のように流れ落ちる

のちを拡張する未来」や「いのちの新しい在り方」を考える場を設ける。

　こうしたテーマを象徴するものとして、石黒氏はロボットやアンドロイドのような無機物と、有機物を結び付ける「水」に着目。水景のデザインをパビリオンに取り入れた。

　水は命の起源であり、万博の開催地である大阪は水の都と呼ばれてき

た歴史もある。パビリオンのコンセプトは「渚からいのちは拡がっていった」というもので、それを具現化したのがパビリオンの水膜だ。

　建物の外装材には、耐水性があるポリ塩化ビニール（PVC）の黒い膜材を使った。その周囲を、カーボンファイバー製樹脂の黒いメッシュ材で覆った。メッシュ材を介して、水が

アーチ状のエントランスを抜けると赤い壁が見えてくる

アンドロイドやロボットが出迎えてくれる

アーチ形をしたエントランス
(写真:石本建築事務所)

流れる景観をつくる。

真っ黒な建物の屋上から約12m下の水盤まで、外壁を伝いながら水が滝のように水盤に流れ落ちる。水膜によるファサードデザインだ。

「噴水のように水を下から放出し、上空から降り注ぐ軌跡で建物の輪郭を描く案まであった」。石本建築事務所執行役員兼設計部門デジタルイノベーショングループ（DIG）統括の福地拓磨氏は、こう明かす。

幾つものパターンを検討し、放水実験も実施した。しかし、12mの高さまで水を放出すること自体が難しく、理想的な水景を描けなかった。結果として、建物の壁に沿って水を流すプランに落ち着いた。

建物は直線的な直方体ではない。屋上から外壁にかけて、輪郭は曲線を描いている。これは水の流れをそのまま取り入れた形だ。

同社設計部門建築グループの大谷佳奈氏は、「ホースから水を放出して落下する際の水の軌跡と建物の輪郭線が重なるようにデザインした」と語る。重力による自然な水の落下形状である。シンプルに見える黒い箱のようなパビリオンに、こうした工夫が盛り込まれている。

ただし、黒い膜材の表面を透明な水が流れるだけでは、来場者はあまり水流に目が向かないかもしれない。水がよく見えないからだ。

そこで石本建築事務所は外壁にメッシュ材を重ねた。同社設計部門建築グループ兼DIG次長の菅原雄一郎氏は、「水が細い網目のメッシュ材を通ると空気を含んで小さな泡ができる。泡は白っぽく見えるため、膜材の黒との対比で水が可視化されやすい」と説明する。

完成した建物を見ると、確かに水が流れる様子がよく分かる。石本建築事務所は12mの壁のモックアップをつくり、水が流れ落ちる様子を何度もシミュレーションした。

水盤にたまる水を回収する仕組みも整え、地面に落ちた水が渚をつくり再び空に戻る循環も具体化。循環する水が命を育んできたことを建築で表現した。

建築や展示空間のディレクターは、SOIHOUSE代表の遠藤治郎氏が担当している。同じく企画統括ディレクターとして、日本科学未来館でキュレーターを務めた内田まほろ氏が参画している。

水が流れるパビリオンは他にも、大阪府・市などが出展する「大阪ヘルスケアパビリオン Nest for Reborn」がある。膜屋根に水を流し、地上の水盤に落とす。石黒館と同じシグネチャーパビリオンの1つである「クラゲ館」も、小さな滝を設けて涼をとれるようにする。

50年後のアンドロイドに出会える

アーチ状のエントランスからパビリオンの中に入ると、真っ赤な壁が見えてくる。内部は黒と赤の対比が印象的だ。黒い外壁の下部はメッシュ材のみなので、内部からも水が流れ落ちる様子が透けて見える。

赤い壁は、建物の内部に入った時の印象的なシーンを演出するとともに、耐震壁としての役割も持つ。上に向かって広がる形状は、垂直に立つ壁より大きい水平力を負担できる。

石黒館では、アンドロイドと人の境界がなくなった未来の姿を見ることができるという。約20体のアンドロイドや約30体のロボット、さらには1000年先のアンドロイドなどの展示が計画されている。

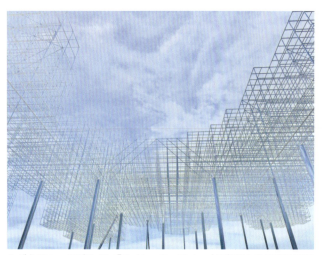
シグネチャーパビリオン「Better Co-Being」の象徴となる網状の白いキャノピー（天蓋）。設計はSANAAが担当
（写真：右もBetter Co-Being）

森の上にうっすらと雲がかかったように思える。キャノピーの隙間からは空が見える

宮田裕章プロデューサー
Better Co-Being

屋根も壁もないSANAAの天蓋 森の中にアートや虹、球体が出現

慶応義塾大学教授の宮田裕章氏が手掛けるシグネチャーパビリオンは、外から丸見えだ。にもかかわらず、謎めいたものになりそうである。森の上空に不定形なキャノピー（天蓋）を架けただけのパビリオンになる。

テーマ事業プロデューサーの1人である慶応義塾大学教授の宮田裕章氏
（写真：特記以外は日経クロステック）

宮田氏が取り組むテーマは「いのちを響き合わせる」。これを同氏は、「パビリオンの展示を通して来場者同士がつながり、響き合う中で、共に未来を描く共鳴体験の提供」で体現するという。キャノピーの下で霧や雨、光といった自然現象のようなインスタレーションを展開する計画だ。

パビリオンにたまたま居合わせた来場者がグループを組んで森を散策し、大きく3つの体験をする。体験とは、国内外のアーティストが制作する作品や、自然現象のような「虹」との遭遇などを指す。

各自が体験を通して何かを感じ取り、それをグループで共有し合うことで最後のコンテンツが生成される。

2024年9月10日には、宮田氏自身が都内で開かれた万博の記者説明会に登壇。自らのパビリオン「Better Co-Being」を紹介した。

それでもまだまだ不思議さが残るパビリオンといった印象を受ける。詳細が明かされるのは、もう少し先になりそうだ。

参加するアーティストや展示する作品は、25年1月以降に発表する予定である。アーティストや作品の選定は、著名なキュレーターで、金沢21世紀美術館の館長も務める長谷川祐子氏が担当する。

万博会場で建設が進むパビリオンは、森と細い鉄骨の建築物を組み合わせたようなものと表現すべきだろうか。白く軽やかな網状のキャノピーが森の一部を覆う。「空を見上げる

宮田氏のパビリオンは大屋根（リング）の中心部に設ける「静けさの森」に隣接した敷地にできる

パビリオンの全体像。森にキャノピーを設けた屋外施設になる。2024年8月時点で、キャノピーは完成イメージのような形にほぼでき上がっていた（出所：SANAA）

舞台装置」（宮田氏）にもなる。

森に架かる屋根ではないし、天井も壁も設けない。完全に屋外のパビリオンになり、雨も降れば風も吹く。暑さ・寒さの影響も大きい。

刻々と変わる天候の下、来場者には森の中で自然現象のような体験をしてもらう。「多少の雨であれば、傘を差してパビリオンを回るか、雨がっぱのようなものを貸し出すことなどを検討している」（宮田氏）

パビリオンの設計はSANAAが、施工は大林組・総合設備コンサルタントグループが担当する。建設工事などは大林組・総合設備コンサルタントグループが14億5400万円で落札した。

パビリオンの場所は、会場の中央部にできる「静けさの森」の隣接地である。静けさの森の一角にパビリオンを設けると言っていい。敷地面積は約1635m^{2}で、森が大部分を占める。

宮田氏とSANAAは「建築の役割を再定義したい」と表明している。具体的には、森と建築の間に境界線を引くのではなく、森と溶け合い、響き合うパビリオンの構築を試みる。人工物を中心に置かず、森という生態系やランドスケープをつくっていく。

建築物としては、かなりシンプルだ。網状のキャノピーは建築工事がほぼ完了している。現在は外構工事の真っ最中で、森の中の散策路もかなりでき上がってきた。

森の中で出合う3つの共鳴体験

記者説明会では、パビリオンで提供する3つの共鳴体験について、宮田氏が順に概要を紹介した。来場者はパビリオンのエントランスでグループになり、森に入る。そしてアート、虹、映像の3つの体験をする。

パビリオンのエントランス。森と一体化したようなパビリオンの入り口で、来場者が15人ほどのグループになって散策を始める。低い屋根が架かった空間も描かれている（出所：SANAA）

体験1。森の中に置かれたアートを通じて、他者の価値観を共有する（出所：SANAA）

体験2。来場者同士が同じ空を見上げ、人工の「虹」を一緒に眺める（出所：SANAA）

来場者が目撃する虹は人工的につくり出し、時間がたつと消える。虹が現れ、みんなで眺め、消えていく一連のプロセスを含めて、来場者同士が体験を共有する。宮田館のメンバーは人工の虹を発生させる実験を進めており、キャノピーは水やミストを降らせる装置にもなりそうだ

体験3。その日集まった来場者の体験をデータ化して重ね合わせ、未来のイメージを球体のLED装置に映像出力して共有する。来場者の組み合わせや気象条件などで一度きりの映像が生まれる。完成イメージには球体の周りに霧のようなものが描かれている（出所：SANAA）

来場者を導く楕円形のデバイス「ふしぎな石ころ（echorb、エコーブ）」。手のひらサイズで、光ったり震えたりする。握ると押し圧検知機能が作動して反応する

ふしぎな石ころの中身

　ポイントは、グループになった来場者の組み合わせや体験当日の気象条件などとの「共鳴」によって、二度と同じものがないコンテンツが生み出されることだ。一期一会の体験である。

　重要なのは、来場者同士の共鳴である。そのために2つのデジタルツールを用意する。

　1つは来場者の体験をサポートするWebアプリ「Better Co-Beingアプリ」、もう1つは光や振動などで来場者を導くデバイス「ふしぎな石ころ（echorb、エコーブ）」である。

　Webアプリはパビリオンの協賛社でもある大林組が開発する。街中で使えば、都市体験を共有できるようなアプリである。だからこそ建設会社の大林組が開発している。万博期間中はパビリオン来場者の体験をアーカイブしていく。

　同じく協賛社の村田製作所は、ふしぎな石ころを来場者に貸し出す。記者説明会ではふしぎな石ころの説明とデモンストレーションがあった。

　デバイスは手のひらに収まる卵サイズの装置だ。その中に、村田製作所が開発している各種センサーがぎっしり詰まっている。

　最大の特徴は、ハプティクス（触覚）技術を用いて手に持つ石ころを動かすことだ。森の中で進むべき「方向性」を感じてもらえる装置として機能することだ。

　来場者に触覚で道案内や見どころの通知をする。特殊な振動波形で皮膚を刺激し、様々な触感を表現できるという。

　位置情報を使い、来場者の石ころを一斉に同じ色に光らせることもできる。森の中にはひそかに無線通信ネットワークが張り巡らされ、石ころのデータが飛び交う。そう考えると、キャノピーは巨大なアンテナのようにも見えてくる。

　Webアプリと石ころデバイスの連携により、来場者同士が「共鳴」し合える環境を構築する。

(写真:左は生田 将人、右は2025年日本国際博覧会協会)

福岡伸一プロデューサー
いのち動的平衡館

無柱空間で光のインスタレーション
サスペンション膜構造のうねる屋根

　福岡伸一氏のシグネチャーパビリオン「いのち動的平衡館」は、非常にシンプルな建築物になる。軽い膜材でつくる曲がりくねった起伏のある屋根は、遠くから見るとまるで宙に浮いているようだ。

　パビリオンは最小限の基礎と鉄骨躯体、そして膜材で構成しながら、来場者に強い印象を与えそうなたたずまいをしている。2024年9月には膜屋根の取り付けが完了した。

　膜屋根の形をどう表現すればよいか難しい。滑らかな曲面の膜屋根全体はタコのような生き物に見える。

　国内勢のパビリオンを数多く取材している記者にとって、このパビリオンは建築物として非常に単純な構造だと言える。それでも、肌色にも

福岡伸一氏がテーマ事業プロデューサーを務めるシグネチャーパビリオン「いのち動的平衡館」の外観。軽い膜屋根だけが浮いているようにも見える。デザインコンセプトは「うつろう建築」。2024年9月撮影(写真:以下、特記以外は日経クロステック)

肌色に近い薄いピンク色の膜材で覆われた、不思議な形をしたパビリオン。高さは約8.8mと、他のシグネチャーパビリオンより低い

膜屋根が大きく波打つ。屋根と地上部の間の壁に相当する部分には透明の膜を張っている。24年9月時点では透明な膜を通して外から中が見えたが、完成時は膜の内側に玉虫色のカーテンを掛ける

パビリオンの完成イメージ。壁が玉虫色なのが分かる
(出所:DYNAMIC EQUILIBRIUM OF LIFE EXPO2025)

膜屋根を張る前の鉄骨躯体。鉄骨リングもタコのような形をしていた（写真：2025年日本国際博覧会協会）

パビリオンの外周を囲む鉄骨リングは、1カ所だけ大きくねじれて立ち上がっている。この下にエントランスがある（写真：NHA）

薄いピンク色にも見える1枚の大きな膜屋根のインパクトは強く感じられた。

生物学者であり作家でもある福岡氏は長年、「生命とは何か」を問い続けてきた。テーマ事業「いのちを知る」に適任の人物と言える。

同氏は「生命の身体は常に動的な状態にあり、物質やエネルギー、情報が絶えず流れ込み、その流れの中に秩序をつくり出して何とか維持しようとしている」と説明する。これが生命の重要な本質である動的平衡だ。

パビリオンを生命に見立てるなら、「今まさに細胞分裂が起ころうとしている直前の姿」に見えなくもない。実際、屋根面は細胞膜がモチーフの1つになっている。

いのち動的平衡館は敷地面積が約1635m²、延べ面積が約995m²。平屋建てで、高さは約8.8mと10mに満たない。構造は鉄骨造、サスペンション膜構造（膜材を使った吊り構造）である。

基本設計はNHA（Naoki Hashimoto Architects）、実施設計は鹿島・NHAグループ、施工は鹿島がそれぞれ手掛けている。建設工事などは同グループが約14億円で落札した。25年1月の竣工を予定している。

NHAを主宰する橋本尚樹氏は、「鉄骨リングの立ち上がった部分をどう支えるかが一番の課題だった」と振り返る。

そのままの状態では自立できず、鉄骨リングはねじれた部分が大きく垂れ下がってきてしまう。構造設計者と何度も話し合い、「ロープで支える吊り橋の原理を応用することにした」（橋本氏）。

パビリオン内部の展示空間はどうなっているのか。あまり想像ができない。膜屋根が立ち上がっている真下にエントランスがある。中に入ってみた。

鉄骨リングの立ち上がった部分は「構造用ストランドロープ（束状のロープ）」で引っ張り、張力で倒れないように支えている（写真：NHA）

楕円形の鉄骨フレーム（下部）と曲がりくねった鉄骨リング（上部）の構造ダイアグラム。曲げ加工した鋼管を溶接した鉄骨リングの全長は約140m（出所：NHA）

パビリオンを設計しているNHA（Naoki Hashimoto Architects）を主宰する橋本尚樹氏

第2章 大阪・関西万博

パビリオンの内部。柱がなく、想像していたよりも広く感じた。天井膜は屋根とは全く異なる黒色

壁に相当する透明な膜。内側に玉虫色の薄いカーテンが付く。夜は内部の光が外に漏れる

エントランス付近の鉄骨リングが立ち上がり、輪のような隙間から空が見える。完成時に隙間は青色の膜で覆われる

鉄骨リングの立ち上がった部分を引っ張って支えるストランドロープ

鹿島関西支店大阪・関西万博福岡館工事事務所の境治彦所長（左）とNHAの橋本氏。実施設計は鹿島・NHAグループ、施工は鹿島が手掛けている

シンプルな楕円の躯体と1枚屋根

　天井膜は真っ黒で、外観とは雰囲気が全く異なる。内部空間が想像以上に広く感じられるのは、外周以外に柱がない無柱空間になっているからだ。ここで生命の動的平衡を体感するための光のインスタレーションを展開する。展示演出のディレクションはTakramが手掛ける。

　ユニークな形のパビリオンは、どのように施工しているのか。最後に4枚の写真で、基礎工事から膜屋根の取り付けまでを振り返っておく。

パビリオンの基礎鉄骨フレームは楕円形をしている。鉄骨柱は8本だけ。鉄骨フレーム部分以外の敷地は土を整地しただけの状態（写真：以下、4点とも鹿島）

鉄骨フレームに鉄骨リングを載せる

鉄骨リングの立ち上がった部分をストランドロープで引っ張って倒れないように支える

膜材を提供している太陽工業の工場で1枚につなげた膜屋根を現場に搬入し、取り付けたときの様子。上空からは細胞が2つに分裂する直前の姿のようにも見える

85

テーマ事業プロデューサーの小山薫堂氏が手掛けるシグネチャーパビリオン「EARTH MART」。茅（かや）ぶき屋根が最大の特徴だ。2024年9月撮影（写真：特記以外は日経クロステック）

小山薫堂プロデューサー
EARTH MART

隈研吾氏設計の茅ぶき屋根集落
産地5カ所からススキ・ヨシ調達

大阪・関西万博に世界初の茅（かや）ぶき屋根パビリオンが登場する。小山薫堂氏が手掛けるシグネチャーパビリオン「EARTH MART」だ。建築デザインは隈研吾建築都市設計事務所が担当している。

テーマは「いのちをつむぐ」である。人気テレビ番組『料理の鉄人』を世に送り出した食通で、放送作家の小山氏は「食を通じて、いのちを考える」パビリオンを設ける。内部では「空想のスーパーマーケット」を展示し、来場者と一緒に食の未来を考える。

建物は食と命の循環から着想し、転用可能な素材を使う「循環型建築」とした。食を育み受け継ぐ集落をイメージした形をしており、幾つも連なる屋根は日本の農家などに見られる茅ぶきとする。茅は万博閉幕後にアップサイクルする計画だ。

小山氏は建築家の隈研吾氏に、「事務所にいる若手デザイナーのインスピレーションから生まれるアイデアを自由に提案してほしい」と依頼した。

24年9月から茅ぶき屋根の施工が始まった
（写真：大成建設）

そこで隈事務所はパビリオン建築の社内コンペを実施。選ばれた複数のプランからエッセンスを抜き出し、最終的に茅ぶきの小さな屋根が連なる集落のようなパビリオンに行き着いた。集積する茅ぶき屋根の下で、未来の市場が開かれる。

パビリオンの完成イメージ。茅ぶき屋根が連なる姿は里山の集落をイメージしている。茅ぶき屋根の軒下は日陰になる（出所：EARTH MART／EXPO2025）

パビリオンはL字形の平面をしており、内部空間はかなり広い。「空想のスーパーマーケット」を展示する。敷地もL字形で、河瀬直美氏のシグネチャーパビリオンと2方向が近接している

茅ぶき屋根は日が当たると黄金色に輝く（写真：大成建設）

金属板または木質板の下地に茅束を取り付ける

　延べ面積は約1500m²。実施設計は大成建設・隈研吾建築都市設計事務所、施工は大成建設が手掛けている。建設工事などは大成建設・隈研吾建築都市設計事務所が12億6300万円で落札した。

　小山館は8つあるシグネチャーパビリオンの中で建設工事の入札が最も難航。工期の遅れが心配された。ただ、24年9月には屋根の茅ぶきが始まり、かなり挽回している。これから内装工事が本格化するところだ。

　3回目の入札でようやく、落札者は決定した。ただしその間、建設費削減のため、パビリオンは仕様の変更を余儀なくされた。

　例えば、当初案では鉄骨造でなく、主に木造を想定していた。特に丸太を使うことで循環型建築の象徴とし、茅ぶき屋根と共にアピールする計画だった。そのプランはなくなった。

　茅をふく屋根の下地も木板ではない。金属板または木質板（木毛セメント板＋防水シート）に替わった。

　「鋼材に茅ぶき屋根を載せる前例のない建物になった。鋼材に茅束を留め付ける部材は日本で調達できず、ワイヤ付きビスを（茅ぶきの習慣がある）欧州から仕入れている。ワイヤで茅束を縛って結束し、ビスで下地に固定していく」（大成建設関西支店の辻慎太郎課長）

使用する茅束は約6200束に上る。茅をふく面積は約585m²。

　大成建設と隈事務所は茅ぶきの耐久性を検証するため、モックアップを作成。約半年間、屋外検証をしてきた。その結果、「半年ではほとんど廃れることなく、雨風に耐えられることを確認した」（辻課長）。

最長4mの茅を全国から調達

　小山館で使う茅の調達先は合計5カ所ある。ススキは静岡県裾野市と熊本県阿蘇市、岡山県真庭市、ヨシは滋賀県近江八幡市と京都・大阪の淀川流域から集める。

　万博の開催地である大阪・夢洲に

産地から運ばれてくる茅束をトラックから荷降ろししている様子

クレーンで茅束を屋根面まで吊り上げる。パビリオンの高さは約10m

屋根に置いた茅束を人手で運ぶ。重さは1束5〜8kg

茅束は直径20cmほどで長さは2.5〜4m

茅束を屋根の下地に取り付けていく。小山館は穂を上向きにするふき方を採用し、軒先をそろえる（写真：大成建設）

岡山県真庭市の施設「GREENable HIRUZEN」にあるサイクリングセンターに、隈氏は地元の茅を使った経験がある（写真：GREENable HIRUZEN オープン記念式典）

近い地元の淀川流域はヨシの産地として知られる。大阪には昔から、ヨシの文化が根づいている。

そもそも茅とは、屋根をふくために使う植物の総称だ。素材はススキやヨシなどである。油分を含むため耐水性があり、生育も早い。刈っても翌年にはまた2〜4mまで育って、元通りになる。

5つの産地ごとに、茅の色合いや葉ぶり、長さが異なる。裾野（御殿場）の茅は長さが4mにもなる。

茅の色は白っぽいものからグレー、黒っぽいものまで違いがある。葉ぶりが大きいとボリュームが増す。「産地が異なる茅を建物全体に交ぜて使うのは珍しい。見比べてみるのも面白い」（辻課長）という。

パビリオンを取材した24年9月中旬にはちょうど、阿蘇から最初の茅が届き始めていた。鉄骨躯体は建て方がほぼ完了している。茅をふく手順は以下の写真の通りだ。

日本では昔から茅が屋根材として使われてきた。しかし近年は茅ぶき屋根をほとんど見かけなくなり、ススキやヨシの刈り場となる草原は減少している。需要の減少とともに、茅ぶき職人も激減した。

そうした現実を知りながら隈氏が茅ぶき屋根を採用するきっかけの1つになったのが、真庭の蒜山高原に21年にオープンした施設「GREENable HIRUZEN」の存在だ。隈氏が設計監修したCLT（直交集成板）パビリオンを東京・晴海から蒜山に移築したことで真庭との関わりが深まった。

GREENable HIRUZENにはサイクリングセンターを新築した。その軒天に、蒜山の草原から取れる茅を使った。真庭に現役の茅ぶき職人がいたことで、建築が可能になった。

このとき隈氏が出会った茅ぶき職人が夢洲のパビリオンで茅ぶきをしていた。まさに人の縁といえる。

Part3 威信を懸けた開催地パビリオン

透明の膜で覆われ、水が流れるパビリオン
敷地面積は約1万500m²。2階建てのメイン展示施設「本館棟」(延べ面積約8000m²)と平屋建ての「ミライのエンターテインメント棟(XD HALL)」(同500m²)、2階建ての「バックヤード棟」(同1300m²)の3棟構成(写真：特記以外は日経クロステック)

大阪府・大阪市など
大阪ヘルスケアパビリオン Nest for Reborn

透明なETFE膜屋根に水を流す「鳥の巣」で再生表現する健康館

地元・大阪が出展するパビリオンは、「鳥の巣(nest)」のような外装デザインが特徴だ。透明な膜屋根には水を流し、水盤に落とす。内部は楕円の平面が重なる展示空間になっており、内外装にはヒノキ材を使う。

大阪・関西万博で大阪府・市などが出展する「大阪ヘルスケアパビリオン Nest for Reborn」(以下、大阪パビリオン)は、大阪メトロの夢洲駅ができる会場北東エリアの目立つ位置に立つ。鉄道で訪れる人を最初に出迎えるパビリオンの1つであり、会場入り口の「顔」になる。

2024年7月初旬時点で進捗は75%と工事は順調で、同年10月に建物は竣工済みだ。

建物は鉄骨造の3棟構成で、高さは約20m。基本・実施設計は東畑建築事務所が担う。実施設計の段階から建設会社が技術支援するECI(ア

膜屋根を流れ落ちる水
建物の周りに設ける水盤で、膜から流れ落ちる水を回収。水盤は深さ10cmほどで、子どもが入れる遊び場になる。夜はライトアップする(右)(写真：上は生田 将人)

鳥の巣やDNAをデザインのモチーフに
上はパビリオンの入り口付近から見上げた膜屋根。部材の集まりが鳥の巣のように見える。右はDNAの2重らせんをモチーフにしたアトリウムの柱

ーリー・コントラクター・インボルブメント）方式を採用し、施工は竹中工務店が手掛けている。

「グローブ」と呼ばれる丸いジョイント部で鉄骨をつなぎ、トラス構造を構成して膜屋根を支える。膜材にはフッ素樹脂をフィルム状にした、透明な「ETFE膜」を用いる。

竹中工務店大阪本店の三枝大介作業所所長によると、屋根のグローブは2253個、鉄骨は9629本。複雑なパズルを組み合わせたような屋根には、貯留した雨水をろ過して流す。

内部に充満する木の香り

屋根の下には大空間が広がる。来場者はまず「本館棟」の中心に位置するアトリウムに集まり、ここから展示を見て回る。アトリウムにはDNAの2重らせんをイメージした柱を3本立てる。万博のテーマである「いのち輝く未来社会のデザイン」を連想させるシンボルとなる。

パビリオンの内部は、木の香りでいっぱいだ。外装だけでなく、内装にも仕上げに厚さ9mmのヒノキ無垢材を使っている。木材は万博閉幕後に再利用する予定で、引き取り先を探している最中だ。

パビリオンのテーマはRebornなので、「生まれ変われる」「新たな一歩を踏み出す」といった文脈から部材の再利用を推進する。「展示だけでなく、建物もパビリオンのテーマに沿って設計している。木材は再利用され、別の場所で次の人生を歩み始める」と、東畑建築事務所設計室の平野尉仁部長は語る。

楕円形の展示エリアは緩やかな下り坂のスロープでつなげて、回遊しやすくする。ユニバーサルデザインに配慮した設計で、車椅子利用者なども展示を体験できる。

2025年日本国際博覧会大阪パビリオン展示・建築グループの福田篤弘建築整備課長は、「楕円から連想されるのは『卵』だ。鳥の巣の中にある卵に未来の技術が詰まっていることをイメージした」と説明する。

第 2 章
大阪・関西万博

日本政府（経済産業省、国土交通省近畿地方整備局）
日本館

循環を表す円形の平面をした建物
左は、鉄骨の躯体にCLTパネルを配置した様子を示すモデル。パネルは耐力壁として機能する。下は日本館の外観イメージ。総合プロデューサーは国内外で活躍するデザイナーの佐藤オオキ氏が担当（出所：左は経済産業省、国土交通省近畿地方整備局、下は経済産業省）

560枚のCLTパネルを円形配置
循環を表す日本館は木壁の迷宮

円形の輪郭が見えてきた現場
建物の円形が見え始めた建設現場。CLTパネルの取り付けが急ピッチで進む。発注者の国土交通省近畿地方整備局は新築工事の入札が不落になったことから、2023年7月に清水建設と約76億8000万円で随意契約。同年9月に予定から約3カ月遅れて着工した。それでも当初の予定通り、25年2月に建物を引き渡せる状況だという（写真：特記以外は日経クロステック、右下は経済産業省）

CLTパネルが取り囲む迷路のような空間
CLTパネルに沿って円を描くように展示を巡る。施設の直径は約80m

むき出しの鉄骨に木材のパネルが次々と取り付けられていく──。円形に配置されるCLT(直交集成板)パネルは「循環」を表す。展示を見ながら建物をぐるっと1周すると、「自らも循環している」ことに気付く。

大阪・関西万博で日本政府が出展するパビリオン「日本館」のテーマは、「いのちと、いのちの、あいだに ─ Between Lives─」である。人や動植物などあらゆるものが循環していることを来場者が発見できるような展示を検討している。

このテーマを建築物に反映している。基本・実施設計を手掛ける日建設計設計グループの高橋秀通ダイレクターは、「命の循環を表現するには円が適切ではないかと考えた」と語る。

形とは別に、日本館はサステナブルな素材である木材を内外装に使うことを念頭に置いていた。実際、国産スギ材のCLTパネルを使用する。

ただし、パネルを円形に切り出すと、「再利用の用途が限られてしまう。四角形のパネルをずらしながら配置して円を表現した」と、高橋氏は設計の意図を明かす。

日本館には約560枚のCLTパネルが立ち並ぶ。パネルの総使用量は約1600m³。そのうち約860m³は既に、万博閉幕後の引き受け先が決まっている。

公募で選ばれた団体や企業が「CLT再利用パートナー」となり、パ

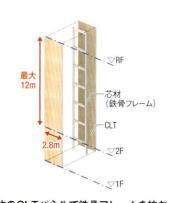

2枚のCLTパネルで鉄骨フレームを挟む
2階部分のCLTパネルの最大高さは12m。当初は鉄骨フレームを建てた後にパネルを取り付ける予定だった。だが手間が掛かり過ぎるため、ユニットを組み立ててから設置する手順に変えた
(出所:経済産業省、国土交通省近畿地方整備局)

大判のCLTパネルは大迫力
CLTパネルに近寄ってみると、見上げるほどに大きい。再利用しやすいようにパネルの表面は塗装していない。パネルを取り付けてつくったユニットとユニットの間に、ガラスをはめ込む

ネルを建築資材などに使う。残りのパネルも再利用する予定だ。

高さが控えめな日本館の秘密

日本館は2階建てで、延べ面積は約1万1000m²。敷地面積は約1万2950m²と、全パビリオンの中で最も大きい。

敷地の広さに対して、建物の高さは約14mと控えめだ。実はCLTパネルのサイズで高さを決めている。

国内で輸送可能なCLTパネルの最大寸法は、幅2.8m×長さ12m。パネルに対して建物が高くなりすぎないように設計した。

2枚のCLTパネルで鉄骨フレームを挟み、「1ユニット」として扱う。ユニット同士の間にはガラスをはめ込む。ガラスから光が差し込んだり、内外の様子がちらちら見えたりする。縁側のような内と外が曖昧な空間になりそうだ。

リシュモン ジャパンの高級ブランド「カルティエ」が出展する「ウーマンズ パビリオン in collaboration with Cartier」。左と右上が建設中の外観、右下が完成イメージ（写真：表 恒匡、出所：Cartier）

リシュモン ジャパン

ウーマンズ パビリオン in collaboration with Cartier

ドバイから大阪へ部材リユース 外装膜の再構成は「難解パズル」

前回のドバイ万博「日本館」で利用した部材をリユースするパビリオンが登場する。高級宝飾ブランド「カルティエ」を展開するリシュモン ジャパンの「ウーマンズ パビリオン in collaboration with Cartier」だ。

ウーマンズ パビリオンは内閣府と経済産業省、カルティエ及び2025年日本国際博覧会協会が国内外の女性の活躍を紹介する。敷地面積は約2000m²、建築面積は約1185m²、延べ面積は約1708m²。構造は鉄骨造だ。

場所は大阪・関西万博日本館の目の前にある敷地である。

高さ約10mのパビリオンを覆う外装の建設には、ドバイ万博日本館のファサードに用いた鉄骨や膜材を再利用する。仮設建築物である万博パビリオンは通常、閉幕すると解体されて廃棄される。リユースするにしても、部材を溶かして原材料に戻して再利用するのが一般的だ。

しかし今回は、再利用する部材をドバイから大阪まで運んでそのまま使う。

部材の輸送だけでも大変だが、それだけにとどまらない。日本館のファサードをウーマンズ パビリオンのために異なる形に再構成し、大阪・関

ウーマンズ パビリオンのエントランスガーデンのイメージ（出所：永山祐子建築設計）

ドバイ万博「日本館」。建物は2階建てで、ウーマンズ パビリオンより大きい。構造は鉄骨造
(写真：2020年ドバイ国際博覧会日本館広報事務局)

ドバイ万博日本館の建物を覆う真っ白なファサードが印象的だった
(写真：2020年ドバイ国際博覧会日本館広報事務局)

西万博で披露する。

　2つの万博をまたいだ前代未聞のリユースに取り組むのは、ウーマンズ パビリオンの建築設計を手掛ける永山祐子建築設計とアラップだ。施工を担当する大林組も早くから設計チームに合流し、3社でファサードの再利用プランを検討してきた。

　設計は既に完了しており、23年10月に着工した。25年1月末の完成を予定している。

　実はドバイ万博日本館の設計と施工に、この3社は関わっている。永山祐子建築設計を主宰する永山祐子氏は、ドバイ万博日本館の「デザインアーキテクト」を務めた。そうでなければ、リユースは実現しなかっただろう。そして日本館を施工し、解体したのは大林組グループである。

　ファサード部材のリユースを発案した永山氏は、「ドバイで解体した部材を日本まで運び、全く違う形状に再構成するために部材を1つずつ割り当てていく作業は想像を超える大変さだった」と振り返る。

　日本館のファサードは大きく分け

ドバイ万博日本館のファサードを解体している様子 (写真：Takamitsu Miyagawa)

手作業で丁寧に解体した
(写真：Takamitsu Miyagawa)

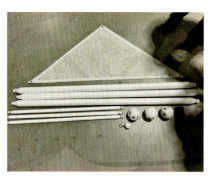
日本館のファサードは「チューブ（棒状部材）」「ノード（球状部材）」「白い膜」の3つで構成 (写真：大林組)

大小様々なノードにチューブを差し込んでファサードの組子枠をつくる (写真：大林組)

て、3つの部材で成り立っていた。骨組みである棒状部材「チューブ」と、複数のチューブを差し込んでつなげる球状部材「ノード」、そして「白い膜」である。構成要素はシンプルだ。

　チューブとノードの組み合わせで組子状の枠をつくり、そこに膜材を取り付ける。ファサードの要となる

ノードを開発したのは、ボールジョイント技術に定評があるドイツのMERO（メロ）である。

　リユースする上で大変だったのは、チューブとノード、膜材がいずれも複数種類あったことだ。一見すると同じに思えるチューブでも微妙に長さが異なり、仕分けするとリユース

部材名	ドバイ万博 日本館（実績数）	大阪・関西万博 ウーマンズ パビリオン（再利用計画）
チューブ（棒状部材）	6335個	4638個（117種類）
ノード（球状部材）	2082個	1544個（約1544種類、ほぼ個別）
白い膜（膜材）	1800個	1159個（6種類）

2023年12月末時点で永山祐子建築設計、アラップ、大林組が集計した数値を基に作成
（出所：日経クロステック）

ノードに張り付けたQRコード（赤枠）。大きな鉄球のノードはかなり重い
（写真：日経クロステック）

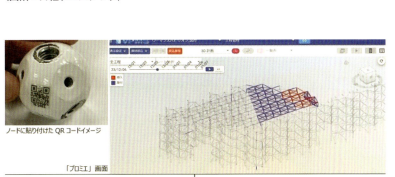

大林組が開発したプロジェクト管理システム「プロミエ」で部材を識別する（出所：大林組）

施工の省力化

部材に刻印されている固有識別番号
（出所：大林組）

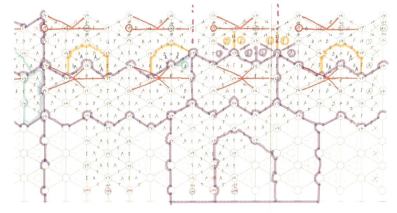

まずは手書きでどの部材をどこに使うか検証（出所：アラップ）

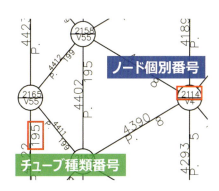

部材の組み合わせを識別番号で管理する
（出所：大林組）

するものだけで117種類あった。

　チューブの総本数は約6300個で、そのうち約4600個を使うことになった。1つひとつを判別するのは相当難しい。

　ノードはもっとやっかいである。約2000個ある球状部材は大きさやチューブを差し込む穴が全て異なる。リユースする約1500個は同じものがなかった。

　こうしたチューブとノードを使って、日本館とは全く異なる形をしたウーマンズ パビリオンのファサードに組み替える。

　永山祐子建築設計でファサードの設計を担当している齋藤隼氏は、「正解がなく自由度が高いパズルを解くようで難易度は高かったが、子どものころからパズルが好きなので楽しみながら取り組めた」と振り返る。

　日本館を解体した大林組はファサードをリユースするため、各部材にQRコードを張り付けてナンバリングすることから始めた。部材の単品管

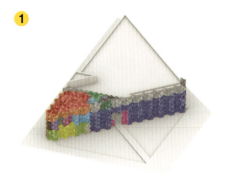

①ドバイ万博日本館のファサード構成。同じ色の部材は同一のもの
（出所：4点とも永山祐子建築設計）

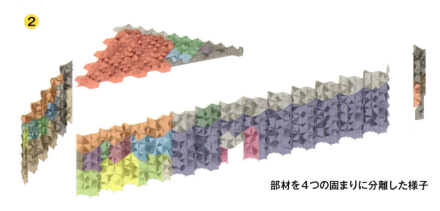

②部材を4つの固まりに分離した様子

③ウーマンズ パビリオン向けにファサードを再構成する。使わない部材は取り除く

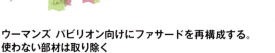

④ウーマンズ パビリオンのファサードに部材を割り当てる

理である。

　ウーマンズ パビリオンを施工する際は、大林組が独自に開発したプロジェクト管理システム「プロミエ」を使い、部材のQRコードから使用位置を確認する。こうすると取り付け間違いがなくなり、同時に作業進捗と出来高を見える化できる。

　各部材には「固有識別番号」が刻印されている。この番号と「部材情報」をプロミエでひも付けて、QRコードを使って管理する。部材の仕分けや搬入、施工位置の把握と組み立てといった作業を約25％省力化できる見込みだ。

　部材の種類が膨大なうえ、鉄骨チューブは大きいし、鉄球のノードは非常に重い。大きめのノードはダンベルを持ち上げるような重さがある。

　作業は迷わず正確にできるようにしないと、かなりの重労働になる。QRコードによる識別は不可欠だ。

　新しいファサードを設計した永山祐子建築設計とアラップは、QRコードが付いた各部材の寸法をデータベースに登録。どの部材をどこに使うか検討した。組み合わせは複雑で、手作業だけではできない。

コンピューテーショナルデザイン必須

　永山祐子建築設計はコンピューテーショナルデザインを駆使し、部材の配置を決めていった。3Dモデリングソフト「ライノセラス（Rhinoceros）」でチューブとノード、膜材の寸法を再現。画面上ではチューブを「線」、ノードを「点」に置き換え、組み替えを実施した。

　再構成案をアラップがコンピューテーショナルモデリングで幾何学的な分析と構造解析して検証する。チューブの長さが微妙に異なるなどエラーが出ると、組み合わせを変える必要がある。こうした地道な作業の連続である。

　最終的に、ウーマンズ パビリオンのファサードは、日本館の部材の約70％を使うことで構築できた。「構造を補強するため新規に製作した部材もあるが、ごくわずかだった」（永山祐子建築設計の齋藤氏）。ウーマンズ パビリオンのファサード部材点数の約98％は、日本館のリユース材でまかなえた。

　ファサードの部材を新規で製造すると、約45トンの二酸化炭素（CO_2）を排出することになる。リユースすれば、部材製造時のCO_2排出量をゼロにできる。

　永山氏は「部材の組み替えは根気が要り、労力がかかる。それでも新築していたら現在の資材高でコストが何倍にも膨れ上がっていたはずだ」と、リユースの優位性を説明する。

　何より、ウーマンズ パビリオンは大阪・関西万博日本館のすぐそばにできる。「ドバイ万博日本館のデザイ

ンと部材を継承したパビリオンと、大阪・関西万博の日本館を同時に見られる。新型コロナウイルス禍でドバイまで来られなかった日本人が大勢いたので、大阪でファサードをお披露目できるのが楽しみだ」と喜ぶ。

大前提として、リユースする部材は丈夫でなければならない。鉄がさびていたり、膜材が破れていたり色あせていたりしたら再利用できなかった。

その点、日本館のファサードは、ドバイの灼熱と強風の砂漠気候に耐えられる仕様だったことが奏功した。中でもフッ素樹脂を含浸した特殊な膜材は耐久性が高く、かつ日が当たるほど白さを増す。

ドバイから日本への船便での輸送にも耐え、何千もの部材が紛失することもなく、検品で問題が見つからなかったことがリユースを可能にした。部材の輸送と保管では、物流会社の山九が協力している。

なお、ドバイ万博で使用された部材は欧州規格にのっとったものだ。日本で再利用するには本来、JIS（日本工業規格）を取り直さなければならない。今回は万博パビリオンという期間限定の仮設建築物なので、再利用の許可がすぐに下りた。

CO_2排出量を最小限に抑える

大阪・関西万博では、閉幕後にパビリオンを解体して部材を再利用することを前提にした設計が盛んに議論されている。ウーマンズ パビリオンはリユースを先にやり遂げようとしている点で、今後の万博パビリオン建設に一石を投じることになる。

「つくって壊す」ではなく、サーキュラーエコノミーの実例として、大阪・関西万博を象徴するパビリオンの1つになりそうだ。

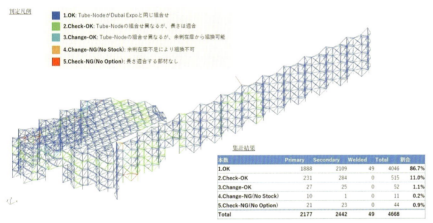

コンピューテーショナルモデリングの流れ（出所：3点ともアラップ）

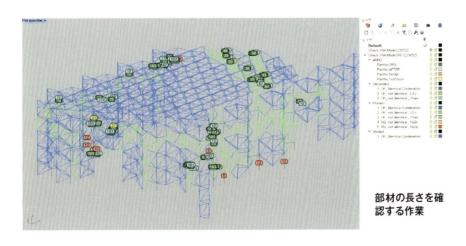

アラップが用意したソフトで、部材の長さの違いやチューブとノードの組み合わせによるエラーをチェックする

部材の長さを確認する作業

そもそも万博パビリオンは、使用期間が約半年と短い。部材製造時や施工時のCO₂排出量の割合が、全体の中で相対的に高くなる。

ウーマンズ パビリオンはファサードの再利用だけでなく、鉄骨やコンクリートも低炭素型の素材を使う。基礎鉄骨はリース材を活用する。

例えば、主要鉄骨部材の約75%を電炉鉄骨にすることで、約200トンのCO₂を削減する。基礎鉄骨梁には工事現場などで使う仮設山留めのリース材を使い、新規製作で発生する約180トンのCO₂をゼロにする。

リース材は解体後に再び、山留め材として利用できるので無駄にならない。

パビリオンの基礎には、大林組が開発した低炭素型コンクリート「クリーンクリート」を採用する。セメントの一部を高炉スラグ微粉末やフライアッシュなど、CO₂排出量が少ない産業副産物に置き換える。一般的なコンクリートよりも、CO₂排出量を最大で約80%減らせる。今回のパビリオンでは一般的なコンクリートに比べて約44トンのCO₂を削減でき、約60%減の効果が見込める。

このようにパビリオンのファサードだけでなく、建物本体にも電炉鉄骨や仮設山留めのリース鉄骨、低炭素型コンクリートを使うことで、通常の建築物に比べてエンボディド・カーボン（部材の製造や輸送、施工に起因するCO₂排出量）を約半分に抑える計画だ。

パビリオンの展示空間に配置する水盤は、建物の冷却装置としても利用する。水盤の水を冷却し、展示と一体になった空調システムを構築する。水盤は室内結露のリスクを伴うが、水面で一定量を除湿することで防ぐ。2次排水はエントランスガーデンの水景施設に流し、エントランス空間の暑熱環境改善に役立てる。

ウーマンズ パビリオンは水盤と植栽にも注目したい。

ドバイから日本に到着したファサードの部材（写真：Takamitsu Miyagawa）

棒状部材のチューブ（写真：大林組）

球状部材のノード（写真：大林組）

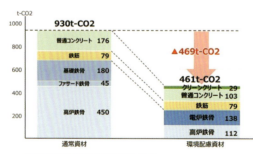
CO₂排出量の削減効果試算（出所：大林組）

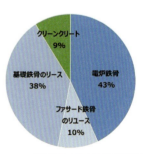
各取組みによるCO₂排出量削減効果

EXPOホール
「シャインハット」

輝く黄金の円形屋根、開・閉会式実施の大催事場
巨大な円すいの上に載る円形の屋根は、完成時には黄金に輝く。基本設計を手掛ける伊東豊雄氏は、「世界に情報を発信したり、世界から情報を集めたりするパラボラアンテナのような建物をイメージした」と話す（写真：伊東豊雄建築設計事務所）

黄金アンテナと風の催事場が誕生

海に向かって延びる帯状スラブ、風と向き合う海辺の劇場
夢洲に吹く卓越風の向きに合わせ、施設は敷地に対してやや斜めに立つ。最大100mほどの帯状スラブは人工の海辺「つながりの海」に飛び出すように延びる。基本設計は安井建築設計事務所・平田晃久建築設計事務所JVが担当（写真：日経クロステック）

EXPOナショナルデーホール
「レイガーデン」

卓越風の流れ

(写真：生田 将人)

インタビュー 伊東 豊雄 氏

黄金の円形屋根は「太陽の塔」意識 現在と過去の万博を行き来する

インタビューに応じた伊東豊雄建築設計事務所の伊東豊雄氏（写真：日経クロステック）

　催事を実施する主要施設の1つ、「EXPOホール（大催事場、愛称シャインハット）」は、万博の開・閉会式が開かれる会場になる。巨大な円すい状の壁の上に、金色に輝く薄い円形屋根が載る。

　EXPOホールの基本設計を手掛ける伊東豊雄建築設計事務所の伊東豊雄氏に設計コンセプトを聞いた。そこには1970年に開かれた大阪万博への思いが込められていた。

──EXPOホールの建築的な特徴は何ですか。

　金色の薄い金属屋根は、直径が60mを超える大きさです。日本から世界に情報を発信したり、世界から情報を集めたりする「パラボラアンテナ」をイメージしてデザインしています。

　実は1970年に開催された大阪万博のシンボルである「太陽の塔」の最上部にある「黄金の顔」を意識しました。

　そんな円形屋根を支えるのは、大地から立ち上がってきたような物質感を持つ、ザラザラとした白い円すい状の壁です。外壁の仕上げには目の粗い吹き付け材を使い、屋根のツルツルした質感と対比させます。

会期中は連日、白い壁面を使ってプロジェクションマッピングを実施します。

―― 建物の内部は真っ白な空間が広がります。

当初は、太陽の塔のような深紅の内装も検討しました。ただ、プロジェクションマッピングによる映像演出などをすることも考慮し、壁面は白色にしました。(塗装するのではなく)白い布を壁に沿って設置し、建物内部全体を覆います。

壁の布だけでなく、床面や客席も白く着色して真っ白な空間に仕上げます。一般的に劇場の内部は黒を基調としていますが、EXPOホールは360度、白色で覆われる不思議な内部空間になります。

そして、天井だけが金色に輝きます。実は屋根の金色とは光り方が異なります。天井は金属ではなく、紙素材を採用するからです。

金属は光を反射してしまうので、映像をうまく投映できません。紙素材を使った天井なら、内部空間全体を使ったプロジェクションマッピングが可能になります。

建物には直径18mの円形ステージを設けます。それを半分囲むように約1900席の客席を並べます。

僕の事務所では、2023年7月に水戸市で開館した「水戸市民会館」も設計しています。EXPOホールとほぼ同数の客席があるホールをつくり

EXPOホールの建設現場。既に金色の屋根ができつつある。実施設計や施工は大成建設・昭和設計が71億1600万円で落札
(写真：生田 将人)

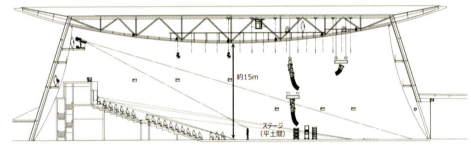

EXPOホールの外観イメージ(左)。白い外壁でプロジェクションマッピングを実施(右)。高さは約20m。2025年日本国際博覧会協会は大催事場基本設計業務の公募型プロポーザルを実施し、伊東豊雄建築設計事務所を最優秀提案事業者に選定した。基本設計業務の委託上限金額は約1億800万円
(出所：2025年日本国際博覧会協会)

大阪府吹田市の万博記念公園に立つ「太陽の塔」。芸術家・岡本太郎(1911～96年)が制作し、現在まで残る
(写真：日経クロステック)

ました。

EXPOホールの建設現場で、この建物内部のスケール感を実際に確認しました。すると水戸市民会館のホールよりも大きく感じました。

大阪・関西万博の来場者は、EXPOホールの内部空間の広がりに驚くはずです。

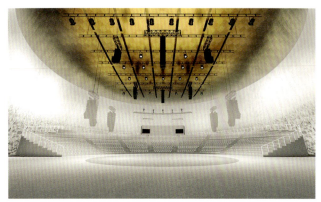
EXPOホールの内観イメージ。舞台より客席を見る
（出所：右も2025年日本国際博覧会協会）

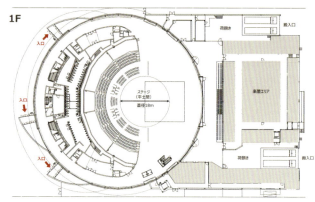
EXPOホールの1階平面図。今後変更になる可能性がある

—— 建設資材の高騰は建築デザインに影響がありましたか。

本当は建物の屋上に上がれるようにしたかったのですが、予算の関係で断念しました。後は楽屋などを少し簡略化した程度で、建物そのものは当初の計画から大きく変えていません。

未来的な建築は1967年万博が最後

—— 伊東さんはこれまでの万博をどう捉えていますか。

1970年の大阪万博で僕は、菊竹清訓建築設計事務所の菊竹清訓さんの下で展望塔「エキスポタワー」の設計に携わりました。ただ、僕は途中で退所したので開幕してからは現地に行きませんでした。

大阪万博には6000万人以上の来場者が訪れました。建築物でいうと、大半の人たちは太陽の塔が目当てだったと聞いています。菊竹さんのエキスポタワーや丹下健三さんの「お祭り広場」には、あまり関心が集まらなかったようです。どうしてだろうと、当時は疑問に感じていました。

2023年に大阪で開館したばかりの公共施設「茨木市文化・子育て複合施設おにクル」の設計を僕の事務所が進めている最中に、茨木市の隣の吹田市にある太陽の塔を眺める機会が何度かありました。そのたびに太陽の塔が発する原始的な力強さを実感しました。

今になって、そうした魅力が人々を引き付けていたのだろうと納得しました。だからこそ、今も太陽の塔だけは残っているのでしょうね。

—— 今回の万博に込めた思いは何ですか。

万博では、技術の進化や発展を通して「未来を示そう」とする傾向があります。しかし、それには限界が来ているのではないでしょうか。

1967年に開かれたカナダのモントリオール万博では確かに、バックミンスター・フラーの巨大ドームやフライ・オットーによるテント構造の建物を見て、「これこそが未来的な建築だ」と感激しました。

でもそれ以降の万博では、未来を想像させるような建築は生まれていないと、僕は思っています。

どんなに技術が進んでも、やはり人間は動物です。今回の万博では技術に頼った未来よりもむしろ、人間の奥底にある動物的な感性に訴えかけるような力強さを表現したいと考えました。

藤本壮介さんがデザインした大屋根（リング）はとても力強く、それに負けない建築をつくりたいですね。

—— 万博会場ではEXPOホールの骨格が見えてきました。

2024年7月時点で、鉄骨駆体の建て方はほぼ完了しています。25年2月の完成に向けて、工事は順調に進んでいます。

—— 閉幕後はどうなりますか。

閉幕後に建物を移築する可能性はあると思います。もっとも、移築を前提に設計したわけではないので必要な費用は分かりません。

(写真：上の2点は生田 将人)

設計者 平田晃久氏の風へのこだわり

海に向かって延びる帯状スラブ スロープでつなぐナショナルデー会場

鉄骨の建て方が進む「EXPOナショナルデーホール」。施設の愛称は「レイガーデン」。参加国を紹介する「ナショナルデー」のメイン会場になる。2024年6月撮影
(写真：特記以外は日経クロステック)

大阪・関西万博で開かれる様々な催し物の情報が次々と公開され始めている。2025年日本国際博覧会協会(万博協会)は2024年6月20日、参加する国や地域がそれぞれの文化などを日替わりで紹介する「ナショナルデー」について、132の国・地域の日程を明らかにした。

催事を実施する主要施設は、会場内に大きく4つある。そのうちの1つ、「EXPOナショナルデーホール(小催事場、愛称レイガーデン)」は、ナショナルデーのメイン会場になる。レイガーデンは鉄骨の建て方が始まって

外観イメージ。スラブをつなぐスロープを空中デッキに見立てて、建物の一番高い先端部まで行けるようにする。海に近づくほど、建物が高くなる (出所：全て2025年日本国際博覧会協会)

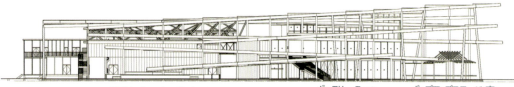

レイガーデンの立面図。今後変更になる可能性がある

EXPO ナショナルデーホール　　ギャラリー East　　ポップアップステージ 南

おり、建物の輪郭が見え始めた。24年6月中旬時点で、建て方の進捗は約20％だ。同年10月にはだいぶ形が見えてきた。

レイガーデンは、空中デッキやガラス張りのホールで構成する。「光（ray）が差し込む庭（garden）」という意味が込められている。レイガーデンには約500席のホールや海を眺められるレストラン、能舞台などを設ける。

地上2階建てで、高さは約18m。延べ面積は約4800m²。構造は鉄骨造だ。基本設計は安井建築設計事務所・平田晃久建築設計事務所JV、実施設計・施工は鴻池組・安井建築設計事務所・平田晃久建築設計事務所JVがそれぞれ手掛ける。

場所は会場の南西、夢洲に設ける人工の海辺「つながりの海」のすぐそばに位置する。レイガーデンの建築的な特徴は、つながりの海に飛び出すように延びる帯状スラブだ。

1本のスラブは幅が約5mで、長さは最大100mある。4本のスラブをジグザグにつなげてスロープをつくり、人が歩ける屋外の空中デッキにする。地続きのスロープに沿って歩いていくと、約18mの高さまで上れる。

大屋根（リング）の最高部よりは少し低いが、海を眺めるという意味では絶好の場所になる。スロープの先端まで行くと、つながりの海やその先の瀬戸内海を間近に眺められる。

安井建築設計事務所の取締役副社長執行役員である村松弘治氏は、「万博のようなイベントで整備される建物は、ファサードに意識がいきがちになる。一方でレイガーデンは、スケルトンを重視して設計した」と違いを語る。

建築家の平田晃久氏は、海辺に近い小催事場を狙い撃ちするように公募に名乗りを上げた。「今回の万博では複数の施設の基本設計業務プロポーザルがほぼ同じタイミングで公募された。私は水辺に面する小催事場が空や光、風、緑といった外部とのつながりを一番感じやすいと思い、小催事場に絞って応募した」。平田氏はそう明かす。

特徴的なスラブは、建物の屋根にもなる。スラブの下にはつながりの海から近い順に、芸能や音楽などのパフォーマンスを実施する屋外の「ポップアップステージ（南）」、アートや工芸品を展示するガラス張りの「ギャラリー East」、そしてイベントを開催する半屋外の「ホール」を配置する。

これらのスペースは、建物の外からでも見ることができる。スロープを移動しているときも、イベントの様子がちらちら見える。

平田晃久建築設計事務所の平田晃久氏

安井建築設計事務所取締役副社長執行役員の村松弘治氏

レイガーデンの平面図。図の左側につながりの海がある。平面図は今後変更される可能性がある

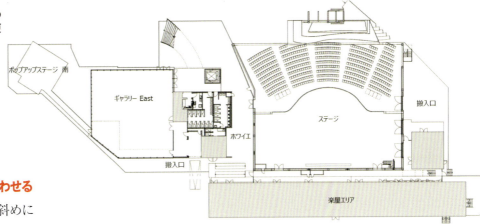

建物の向きを卓越風の流れに合わせる

建物は敷地に対して、やや斜めに向けて建てる。平田氏は「風と大地の関係性から建物の配置を導いた」と説明する。

夢洲には、瀬戸内海から淀川水系に抜ける卓越風が吹いている。この風向きと建物の配置を連動させたという。卓越風が吹き抜ける「通り道」に沿ってスラブを延ばし、かつ建物は海に近づくほど高くなる。こうして、より多くの風を受け止め、建物に取り込む。

建物の配置は、広域の地形にも同期している。「プレートのぶつかりで発生した、関西を斜めに貫く地形の"しわ"にインスピレーションを得た」と平田氏。偶然、卓越風の方向と地形のしわの方向が合致していた。これらの方向に沿って、建物を配置した。

スラブや建物の周りには、ススキよりも少し背が低いイネ科の植物「チガヤ」を植える。風が吹くと、まるで草原のようにチガヤが揺れる。その光景を空中デッキから眺められるようにする。「チガヤは淀川水系に生えている植物だ。この地にもともとある自然を利用し、新しい景色をつくりたい」と平田氏は話す。

レイガーデンの本体工事は、25年1月に完了する計画だ。

約500席を設けるホールのイメージ

大屋根側から見上げたレイガーデン

緑豊かなレイガーデン。基本設計段階のイメージ

基本設計段階のレイガーデンのイメージ。日本の能を演じられる舞台を設ける

<次代を担う若手20組> 注目の「トイレ2」

「残念石」が京都から大阪・夢洲へ
巨石建造物に似たトイレ出現

若手設計者20組が万博会場内の合計20施設を設計している。公募で選ばれた20組のうちの1組は「トイレ2」を担当する。大坂城の石垣建設に使われなかった「残念石」に目を付け、約400年ぶりに石に光を当てた。

残念石がにわかに脚光を浴びている。約400年前の江戸時代初期、徳川幕府が大坂城を再建するため、各地から石を切り出させた。

だが運搬の途中で落下したり、使われないまま放置されたりした石が今なお数多く残っている。大坂城にたどり着けなかった石はいつしか、残念石と呼ばれるようになった。

そんな残念石に小林広美氏（Studio mikke）と大野宏氏（Studio on_site）、竹村優里佳氏（Yurica Design and Architecture）が興味を持った。万博の建築物に使うことで、本来の目的地だった大阪に残念石を到達させる——。

今回の石を管理している京都府木津川市から許可を得て、2024年5月に夢洲まで5つの残念石を運んだ。石は加工せず、そのままの形で傷をつけないように扱う。

高さは2.5～3m、重さは7～13トン。本物の巨石は会場内で圧倒的な存在感を放つ。関係者の中には、「巨石文明の建造物のようだ」と話す人もいる。残念石は万博閉幕後、再び木津川市に戻される。

5つの残念石はトイレの高い基礎として使う。高さが全て異なるので、石を3Dスキャンしてぴったり合う接合部を木材でつくってそろえるという。その上にCLT（直交集成板）の平屋根を架ける。接合部は宮大工が石の形に合わせて柱を加工する「光付け」と呼ばれる手法を応用する。

若手20組の1組がトイレに残念石を使う
「トイレ2」を設計した3人。左から小林広美氏、竹村優里佳氏、大野宏氏。3人は石を調査する過程で、大坂城までたどり着けなかった残念石に興味を持った
（写真：小林 広美、大野 宏、竹村 優里佳）

残念石の利用に賛否両論で炎上も
京都府木津川市が管理している残念石の一部をトラックで大阪まで運んだ。写真は残念石を吊り上げているところ。残念石を加工したりはしないが、持ち出しや活用方法を批判する声も上がっている
（写真：小林 広美、大野 宏、竹村 優里佳）

巨石文明遺跡のような原始的な形をしたトイレ
巨大な残念石が5つ立ち上がった会場の一角。巨石文明の建造物のようだと、建設中の会場で話題になっている。5つの石は花こう岩で、高さや形が全て異なる。そのままの形で立て、それ以外の部材を石に合わせて加工する（写真：日経クロステック）

第2章 大阪・関西万博

(写真:上段は生田 将人、下段は左から日経クロステック、大竹 央祐、AHA)

休憩所やトイレなど設計した若手20組
建築概要や最新パースを一挙公開

　2025年日本国際博覧会協会(万博協会)は24年5月30日、若手設計者20組による万博会場内の合計20施設の概要と設計コンセプト、最新パースを公開した。対象は「休憩所」「ギャラリー」「展示施設」「ポップアップステージ」「サテライトスタジオ」「トイレ」で、いずれも設計は完了。施工が佳境を迎えている。

　ギャラリーはアートやアニメ、ファッションなどの催事や展示会、フォーラムの開催を想定した施設だ。展示施設は「未来の暮らし(食・文化・ヘルスケア)」が体験できる「フューチャーライフエクスペリエンス」と、

イベント広場「ポップアップステージ(西)」の梁になる、皮付きの丸太を建て起こしている様子。若手20組の1人である設計者の三井嶺氏が台に乗り、掛け声を上げる
(写真:日経クロステック)

2024年3月に都内で開かれた万博関連イベントで展示されたポップアップステージ(北)の模型やパース(写真:日経クロステック)

107

「未来への行動」が体験できる「TEAM EXPOパビリオン」で行われる事業を発表・展示する場になる。

ポップアップステージは、音楽やトークイベント、お祭りなどのイベントを開催する小規模なステージ広場だ。サテライトスタジオは、放送局の番組中継や収録用のスタジオになる。

20組が設計した施設は多岐にわたる。ただし、万博のテーマであるサステナブルを強く意識している点は共通する。万博開催中の約半年間は「通過点」に過ぎず、むしろ閉幕後に長きにわたって建材などが次の場所で生かされるように設計された施設になっている。

素材や建材の再利用や施設移築などを前提にしながら、それぞれがユニークな建築物を提案。半年限定だからこそできる、挑戦的な施設が目に付く。

施設で利用する素材も、通常の建築物ではなかなか利用できないものが多い。万博の仮設建築物だから許されるものを大胆に取り入れている。

目立つのは自然素材の活用で、木や石、土、水などが使われる。素材そのものの感触や迫力がダイレクトに伝わってきそうだ。視覚や触覚だけでなく、嗅覚を刺激するものまである。

万博の会場デザインプロデューサーで、今回の公募のプロポーザル評価委員会委員でもある藤本壮介氏は、

公募で選ばれた若手設計者20組と評価委員（中央前列の3人）がそろった22年8月はまだ新型コロナウイルス禍で、全員がマスクをしていた。前列の中央が会場デザインプロデューサーである藤本壮介氏（写真：2025年日本国際博覧会協会）

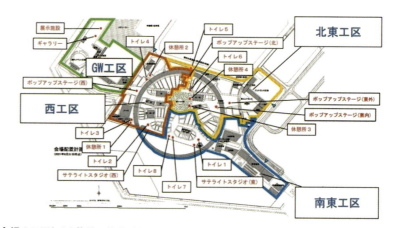
万博会場の工区と20施設の位置（出所：2025年日本国際博覧会協会）

「1970年の大阪万博では当時30代だった建築家が活躍し、その後、未来の建築をつくっていった。それを今回もやりたかった。実際、若い設計者から熱意のある提案が多数寄せられた」と振り返る。

選出した20組が設計した施設については、「建築のこれからを考えるうえで必要ないろいろな方向性が出てきた。建築デザインだけでなく、サステナビリティーやリサイクル、テンポラリー（仮設建築物）といった条件を踏まえながらも使う素材や場の在り方は非常に多様なのが面白い」（藤本氏）

「若手」といっても大半が30〜40代で、日本の建築業界ではその名を知られる優秀な設計者が数多く選ばれている。彼ら彼女らが実力を大いに発揮している。

万博会場の中でも休憩所やトイレ、ステージといった施設は、「最も日常的な機能を持っており、来場者は実際に使ってみてリアルに体感できる。その意味で特筆すべき建築物になるだろう」。藤本氏は20組に大きな期

若手20組の建築概要

施設名	設計者	主用途	階数	延べ面積	構造	施設の特徴 [*1]
ポップアップステージ（北）	佐々木 慧（axonometric）	イベント広場	平屋	108.90m²	アルミニウム合金造	木材乾燥中
トイレ5	米澤 隆（米澤隆建築設計事務所）	トイレ	平屋	246.04m²	鉄骨造	カラフル積み木
トイレ6	隈 翔平＋エルサ・エスコベド（KUMA＆ELSA）	トイレ	平屋	288.98m²	木造	水の循環
休憩所3	山田 紗子（山田紗子建築設計事務所）	休憩所、トイレ	2階	568.23m²	木造、鉄骨造	森と人工物
休憩所4	服部 大祐＋新森 雄大（Schenk Hattori＋Niimori Jamison）	休憩所、トイレ	地下1階・地上1階	248.84m²	鉄骨造	鉄筋パーゴラ屋根
ポップアップステージ（東内）	桐 圭佑（KIRI ARCHITECTS）	イベント広場	平屋	118.69m²	鉄骨造、木造	雲の屋根
ポップアップステージ（東外）	萬代 基介（萬代基介建築設計事務所）	イベント広場	平屋	121.44m²	鉄骨造	ドーム建築
トイレ1	井上 岳＋齋藤 直紀＋中井 由梨＋棗田 久美子（GROUP）	トイレ	平屋	81.27m²	鉄骨造	夢洲の庭
サテライトスタジオ（東）	野中 あつみ＋三谷 裕樹（ナノメートルアーキテクチャー）	放送用スタジオ	平屋	248.08m²	木造	いびつな木
トイレ7	鈴木 淳平＋村部 塁＋溝端 友輔（HIGASHIYAMA STUDIO＋farm＋NOD）	トイレ	平屋	95.46m²	鉄骨造	3Dプリント樹脂パネル
トイレ8	斎藤 信吾＋根本 友樹＋田代 夢々（斎藤信吾建築設計事務所＋Ateliers Mumu Tashiro）	トイレ	平屋	56.19m²	木造、一部鉄骨造	性の多様性
サテライトスタジオ（西）	佐藤 研吾（佐藤研吾建築設計事務所）	放送用スタジオ	平屋	144.08m²	木造	福島県産木材
休憩所1	大西 麻貴＋百田 有希（大西麻貴＋百田有希／o+h）	休憩所、トイレ	平屋	830.10m²	膜構造、鉄骨造、木造	毛皮の大屋根
トイレ2	小林 広美＋大野 宏＋竹村 優里佳（Studio mikke＋Studio on_site＋Yurica Design and Architecture）	トイレ	平屋	60.54m²	鉄骨造、一部木造	残念石
トイレ3	小俣 裕亮（小俣裕亮建築設計事務所 new building office）	トイレ	平屋	249.97m²	木造、一部空気膜構造	空気膜屋根
ポップアップステージ（西）	三井 嶺（三井嶺建築設計事務所）	イベント広場	平屋	87.84m²	鉄骨造、一部木造	丸太1本
トイレ4	浜田 晶則（浜田晶則建築設計事務所 AHA）	トイレ	平屋	138.63m²	木造	3Dプリント土壁
休憩所2	工藤 浩平（工藤浩平建築設計事務所／Kohei Kudo ＆ Associates）	休憩所、トイレ	2階	504.23m²	木造（建築物）、鉄筋コンクリート造＋鉄骨造（工作物）	石のパーゴラ
ギャラリー	金野 千恵（teco）	展示場	平屋	644.38m²	鉄骨造	ベジタブルコンクリート
展示施設	小室 舞（KOMPAS JAPAN）	展示場	平屋	1271.94m²	鉄骨造、木造	木の葉の屋根

2024年5月30日の発表内容を基に日経クロステックが作成
＊1 設計コンセプトを基に記者が施設の特徴を一言で表現したもの

待を寄せている。

　20組が設計した施設の概要を一覧表にまとめた。表の右端のキーワードは、それぞれの設計コンセプトを基に記者が特徴を一言で表現したものだ。使用する素材や建材、あるいは建設3Dプリンターのように採用するテクノロジーに注目した。

　掲載順は、24年5月30日に発表された資料に従った。それぞれの施設ができる会場内の工区ごとに施設が紹介されている。

　「北東工区①」がポップアップステージ（北）とトイレ5、トイレ6。「北東工区②」が休憩所3と休憩所4、ポップアップステージ（東内）、ポップアップステージ（東外）。

　「南東工区①」はトイレ1とサテライトスタジオ（東）。「南東工区②」はトイレ7とトイレ8。

　「西工区①」はサテライトスタジオ（西）と休憩所1、トイレ2、トイレ3。「西工区②」はポップアップステージ（西）とトイレ4、休憩所2。「GW（ゲートウエイ）工区」はギャラリーと展示施設、となっている。

自然素材を使いながら個性を打ち出す

　20施設の設計者は、若手を対象に公募型のプロポーザル方式で選出した。公募参加資格の1つは1級建築士事務所で、「事務所の開設者は1級

北東工区①にできるポップアップステージ（北）の完成イメージ。設計者は佐々木慧氏（出所：以下、2025年日本国際博覧会協会）

トイレ5。設計者は米澤隆氏

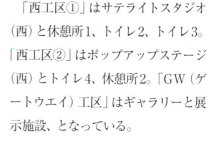

トイレ6。設計者は隈翔平氏、エルサ・エスコベド氏

北東工区②にできる休憩所3。設計者は山田紗子氏

休憩所4。設計者は服部大祐氏、新森雄大氏

ポップアップステージ（東内）。設計者は桐圭佑氏

ポップアップステージ（東外）。設計者は萬代基介氏

南東工区①にできるトイレ1。設計者は井上岳氏、齋藤直紀氏、中井由梨氏、棗田久美子氏

サテライトスタジオ（東）。設計者は野中あつみ氏、三谷裕樹氏

南東工区②にできるトイレ7。設計者は鈴木淳平氏、村部塁氏、溝端友輔氏

トイレ8。設計者は斎藤信吾氏、根本友樹氏、田代夢々氏

西工区①にできるサテライトスタジオ（西）。設計者は佐藤研吾氏

休憩所1。設計者は大西麻貴氏、百田有希氏

トイレ2。設計者は小林広美氏、大野宏氏、竹村優里佳氏

トイレ3。設計者は小俣裕亮氏

西工区②にできるポップアップステージ（西）。設計者は三井嶺氏

トイレ4。設計者は浜田晶則氏

休憩所2。設計者は工藤浩平氏

GW工区にできるギャラリー。設計者は金野千恵氏

展示施設。設計者は小室舞氏

建築士で、かつ1980年1月1日以降生まれの人とする」という条件だ。

応募があった256事業者からの提案に対して1次審査（書類審査）と2次審査（ヒアリング審査）を実施。その中から20組を決定。22年8月に20組の顔ぶれが発表された。それから2年弱が経過し、設計した内容が一斉に明らかになった。

20組が設計した施設の最新パースを改めて掲載する。順番は先ほどの一覧表と同じだ。

若手20組の施設は会場全域に点在している。全て見て回るだけで丸1日かかりそうだ。同じ休憩所やトイレでも、設計者によって「ここまで異なるものができ上がるのか」と思わせてくれるだろう。

(写真:生田 将人)

Part4 交通アクセス
夢洲駅

最寄り駅が25年1月19日開業 大阪駅から電車で約30分

　大阪・関西万博の最寄りになる「夢洲駅」が2025年1月19日に開業する。大阪市と大阪港トランスポートシステム（OTS）、大阪メトロは工事や検査が順調に進み、当初予定よりも2週間ほど早く開業に踏み切る。

　大阪メトロ中央線の西側の終点だった「コスモスクエア駅」から約3.2km延伸し、人工島の夢洲に夢洲駅が新設される。万博会場に直接乗り入れる唯一の鉄道になる。

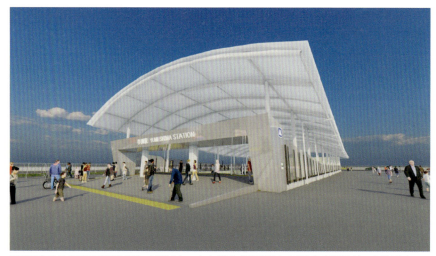

2025年1月19日に開業する、大阪メトロ中央線の「夢洲駅」。図は南東出入り口の外観イメージ（出所：大阪市）

建設中の夢洲駅。写真は南東出入り口の外観（写真：日経クロステック）

大阪メトロ中央線の「コスモスクエア駅」から新設する夢洲駅まで延伸する（出所：大阪メトロ）

赤丸の位置に夢洲駅ができる（出所：2025年日本国際博覧会協会）

　駅の場所は会場の北東エリアで、大屋根（リング）の外側に位置する。鉄道を使って夢洲駅から来場する人は主に、会場の東ゲートから入場することになる。

　市の中心部に位置する中央線の乗換駅の1つ「本町駅」から夢洲駅まで、20分ほどでアクセスできるようになる。JR大阪駅や大阪メトロ御堂筋線の梅田駅からは、乗り換え時間を含めて約30分だ。

　これまで万博会場へ向かうには、中央線のコスモスクエア駅や、同駅でニュートラムに乗り換えて1つ先の「トレードセンター前駅」まで行くなどして降り、バスやタクシーに乗り換える必要があった。

　夢洲駅は地下2階にホーム、地下1階にコンコースを設ける。内装の設計は大阪市高速電気軌道と安井建築設計事務所、施工は大林組が担当する。ホームの延長は160m、ホーム幅は最大10m。

　ホーム中央にライン状の照明を門形に配置し、光のゲートをくぐり抜けてホームを移動するような演出をする。こうして来場者を万博のゲートに導く。

1日に最大12万9000人が利用

　コンコースの通路幅は18mある。壁には横55m×縦3mの大型デジタルサイネージを設置し、大阪の歴史や万博をPRする映像を流す予定だ。

夢洲駅のホーム（写真：右も大阪港トランスポートシステム）

夢洲駅の地下2階に設けるホーム

夢洲駅のホームのイメージ。利用者は門形に配置する照明をくぐってホームを移動する（出所：右と下も大阪港トランスポートシステム）

夢洲駅の地下1階に設ける横長なデジタルサイネージ

夢洲駅の改札前

夢洲駅の南東出入り口の内観（出所：大阪市）

天井は折り紙のような形にする。

万博開催時には16基の改札を設ける。これでピーク時の来場者数にも対応できると試算している。会期中は1日当たり最大で12万9000人が夢洲駅で降りる見込みだという。中央線は朝晩の車内混雑が予想される。

大阪市の横山英幸市長は24年9月5日の会見で、「夢洲は今後、関西経済をけん引する国際観光拠点及び国際物流拠点になる。夢洲駅の開業で、夢洲へのアクセスのしやすさが飛躍的に向上する」と述べた。

万博が開幕するまでの期間は主に、会場で準備に当たるスタッフや2025年日本国際博覧会協会の職員らが夢洲駅を使用する。一般利用も可能だが、立ち入りできないエリアがある。

Part5 課題は山積み

メタンガス

万博協会が爆発事故で安全対策
ガスの侵入抑制や排出、監視を強化

会場の建設現場で起こったメタンガスによる爆発事故を受け、2025年日本国際博覧会協会（万博協会）は2024年6月、会期中の安全対策を発表した。機械換気方式による強制換気の導入やガス検知器の追加設置だ。

対策の強化に加え、ガス濃度の測定結果を来場者に公表する方針も示した。そもそも爆発事故は24年3月28日午前10時55分ごろ、建設中の東トイレ棟で発生した。「グリーンワールド工区」の屋外イベント広場横にあるトイレ1階部分だ。溶接作業中に発生した火花が、配管ピット内にたまったメタンガスに引火したことにより、床などが破損した。

万博協会は、トイレ床上での溶接作業時に発生した火花が、床下の配管ピット内に充満していたメタンガスに引火したことが爆発の原因だったと明らかにした。

トイレの延べ面積は約500m²。爆発によって1階のコンクリート床

屋内で機械換気をしている様子。再発防止策の1つに機械換気の実施を盛り込んだ（写真：2025年日本国際博覧会協会）

100m²ほどと、トイレの点検口が破損した。

同協会によると、配管ピット直下の土壌から埋め立てガスが発生。ピット内にたまってガス濃度が高くなっていた。

これまでも配管ピット内で作業する際は、事前にガス濃度を測定していた。しかし、爆発事故が発生した当時は地上階で作業していた。ガス濃度測定の対象エリア外だったため、配管ピット内のガス濃度を測定していなかった。

万博協会が24年6月24日に発表した「万博会場内におけるメタンガス等の検知状況」によると、事故が発生した東トイレ棟の地下ピットで24年2月28日から同年5月31日までに、メタンガスの濃度測定を計1350回実施している。メタンガスは619回検知した。

このうち、労働安全衛生規則で、直ちに労働者を安全な場所に退避させる程度と定められている作業基準値の1.5vol%以上の濃度を検知したのは76回だった。

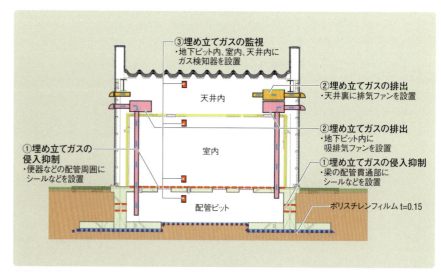

万博会場グリーンワールド工区内の東トイレ棟の事故現場。現場では4人が作業していたが、けが人はいなかった（写真：2025年日本国際博覧会協会）

事故発生を受けて見直したガス対策。ガス侵入の抑制や侵入したガスの適切な換気などの対策を講じる。図は東トイレ棟を想定したもの（出所：2025年日本国際博覧会協会）

ガス濃度を定期公表へ

万博協会は会場内のメタンガスなどの濃度や検出箇所の検証を踏まえて、会期中の安全対策を取りまとめた。今回発表した対策は当初の計画を一部変更したものだ。

ガス侵入対策を強化し、1階床スラブの便器や設備配管貫通部の隙間をシリコン材などのシールで埋める。天井裏に排気ファンを設置するなど機械換気方式による強制換気に変更し、配管ピット内や天井内に侵入したガスの排出を徹底する。

配管ピット内や室内、天井内でガス滞留の恐れがある箇所には新たにガス検知器を設置。ガス滞留状況を監視する。

来場者などへの情報提供も実施する。工事期間中のガス濃度測定結果を定期的に公表することに加え、万博会期中の測定結果も毎日、公表する計画だ。

防災実施計画

地震や台風、火災などへの対応策
「夢洲孤立」時は大屋根などに滞在

2025年日本国際博覧会協会（万博協会）は、夢洲で災害が発生した際の対策を「防災実施計画」としてまとめた。地震だけでなく、台風や火災といった災害ごとに対応方針を定め、2024年9月に公表した。

会場の夢洲にアクセスする交通手段は、「夢舞大橋」か「夢咲トンネル」を通る陸路と、25年1月に開業予定の大阪メトロ中央線「夢洲駅」を使う鉄道の計3ルートがメインになる。

南海トラフ地震や直下型地震による被害で橋やトンネルが通行できなくなったり、鉄道が運休したりすると、夢洲が孤立して帰宅困難者が発生する恐れがある。

5段階のフェーズで対応

万博協会は、地震が発生して一時的に交通網がまひするケースを想定し、来場者の安全確保から帰宅支援までを5段階のフェーズに分けて、取るべき対応や手順を明確にした。

例えば南海トラフ地震が起こった場合、フェーズ1（発災後1時間）では負傷者の把握や施設の被害確認を進める他、応急救護に当たる。フェーズ2（発災後1〜6時間）には来場者らを避難誘導したり、一時滞在施設の開設を準備したりする。

フェーズ3（発災後6〜12時間）は一時滞在施設への案内や、食料や飲料水などの備蓄品の配布を実施。フェーズ4（発災後12〜72時間）では来場者を継続的に支援しつつ、バスや船舶などによる代替輸送の検討を進める。

フェーズ5（発災後72時間以降）で代替輸送を開始。徒歩で帰宅できる来場者には、歩いて帰るよう促す。

万博協会は災害時の一時的な滞在場所として、パビリオンや大屋根（リング）の活用を想定している。会場内の建物に帰宅困難者を全て収容することが難しい場合、会場近くの舞洲や咲洲にも一時滞在施設を確保する。

災害で夢洲が孤立した場合に備え、食料や飲料、簡易トイレといった備蓄品も用意する。最大で約15万人が発災後3日間は夢洲に滞在できるよう、アルファ化米などの主食を60万食確保する。

万博会場に入るルートは3つしかない。橋やトンネルが使えなくなると、夢洲は海上で孤立する。「中央ルート」と「南ルート」はいずれも夢咲トンネルを通る
（出所：大阪市の資料を基に日経クロステックが作成）

会場内の大屋根は災害発生時の一時的な滞在施設となる
（写真：日経クロステック）

第 3 章

大阪

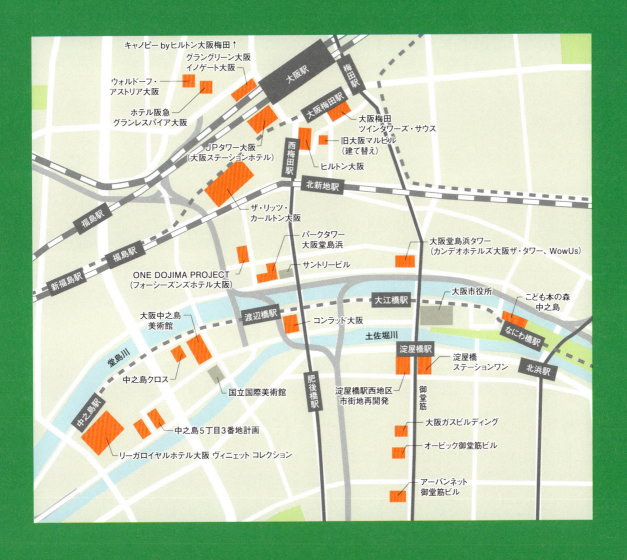

24年

グラングリーン大阪
「うめきた公園」など先行開業

駅前一等地でランドスケープファーストの大開発

第3章 大阪

大阪駅前に敷地の半分が公園の新街区が誕生
グラングリーン大阪の中心である「うめきた公園」と隣接する「大屋根施設」。低い山並みのような大屋根は長さが南北で約120mある。目の前に芝生が広がり、公園の頭上にはS字状の空中回廊が延びる（写真：右の2点も吉田 誠）

大屋根施設

大屋根の下から芝生広場や水盤の噴水が見える
芝生広場と一体化した大屋根施設のイベントスペース「ロートハートスクエアうめきた」の内部。有効高さは約10m。記念式典には建築家の安藤忠雄氏やSANAAの妹島和世氏、西沢立衛氏らが参列した。安藤氏は後述する文化施設「VS.」を設計監修し、SANAAは大屋根の設計を手掛けた

JR大阪駅前で進む大規模再開発「グラングリーン大阪」の一部が2024年9月6日に先行開業した。敷地の約半分を占める「うめきた公園」は、初日から大勢の人でにぎわっている。全体開業は27年度の予定だ。

芝生の上を子どもたちが走り回り、噴水がある水盤ではびしょぬれになって大騒ぎ。それを見守る大人たち。夜になるとカップルや友人同士が水盤を囲むように座り込んで談笑している。散歩している人も多い。「ここは本当に梅田なのか」。あちこちから、そんな声が聞こえてくる。

大阪駅前の一等地に緑豊かな公園を生み出したグラングリーン大阪（うめきた2期）は、最高のスタートを切った。人気の理由は、ブーメランのような形をした敷地の真ん中に、広大な公園を設けたことに尽きる。最初に公園中心のランドスケープを決め、敷地の両端に建物を配置した。普通なら、初めに建物や床面積を確保し、「空いた場所」に公園や広場を設けるものだ。

ところがグラングリーン大阪は、

121

24年9月の先行開業で敷地の約4割が完成
グラングリーン大阪の全体計画図と先行開業範囲（カラー部分）
（出所：グラングリーン大阪開発事業者JV9社の資料に日経クロステックが加筆）

南北に分かれた公園をつなぐ金色の橋
うめきた公園のノースパークとサウスパークを結ぶ空中回廊「ひらめきの道」。先行開業でサウスパーク側の一部が通行可能になった。ゴールド色の欄干が輝く
（写真：以下、全て日経クロステック）

通常の開発とは全く逆の順番で計画を進めた。そして最後までその方針を貫く。大阪府・市や三菱地所を代表企業とする開発事業者JV（共同企業体）9社の英断と言える。

長年うめきたの開発に関わってきた地元の建築家・安藤忠雄氏は、「大阪は緑が少ないと言われてきたが、駅前にこれだけの緑を生み出した。他の街にはできないことをして、もっと発展してほしい」と記念式典で述べ、会場を沸かせた。

ぶれない公園中心の開発

グラングリーン大阪の総事業費は約6000億円。開発地区全体の広さは約9万1150m²。敷地は北街区と南街区に分かれ、間に南北にまたがる約4万5000m²のうめきた公園を配した。公園は都市的なサウスパークと緑豊かなノースパークで構成する。南北の公園はS字状に延びる空中回廊「ひらめきの道」で結ぶ。

ランドスケープのデザインリードは米GGNが日本で初めて担い、日建設計がデザイナーを担当した。

先行開業したのはサウスパーク全面とノースパークの一部だ。ひらめきの道も、サウスパーク側の一部区間が開通した。

サウスパークにある半屋外の大屋根施設もオープン。ここで式典やライブが開かれた。

大屋根下のイベントスペース「ロートハートスクエアうめきた」の面積は約1500m²だ。約4000m²ある天然芝の広場と一体で使うと、1万人規模のイベントを開ける。

大屋根を除く公園施設全体の設計は日建設計、大屋根の設計はSANAAが手掛けた。

ノースパークにある文化施設「VS.（ヴィエス）」も開館した。安藤忠雄建築研究所が設計監修。施設が公園の緑を邪魔しないように、スタジオの大半を地下に埋めた。天井高が異なる3

第3章 大阪

VS.

施設の大半を地下に埋めて緑に配慮
ノースパークに誕生した文化施設「VS.」の外観。右手のガラスキューブにエントランスとカフェがある。左手のコンクリートキューブの地下はスタジオで、地上部の外壁は徐々に植物に覆われて「緑の箱」になる

天井高15mのスタジオだけが地上に頭を出す
VS.のオープニング展示は、3つの地下スタジオとホワイエを全て使った映像作品。右写真は天井高15mのスタジオA。下は地下1階の平面図で、3つのスタジオをホワイエでつないでいるのが分かる

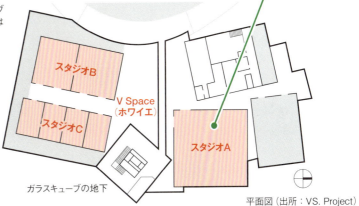

平面図（出所：VS. Project）

つのスタジオとホワイエがあり、合計面積は約1400m²。

北街区に立つ賃貸棟「ノースタワー」の低中層部は、公園と並ぶグラングリーン大阪のもう1つの目玉であるイノベーション施設「JAM BASE（ジャムベース）」の中核である。家具付きのレンタルオフィスや会員制の交流拠点など様々な部屋を用意した。

1～9階に立体迷路のような空間をつくって吹き抜けでつなぎ、個性豊かな部屋を積層配置した。施設内の移動で利用者同士の出会いを促す。

高層部に入居したホテル「キャノピーbyヒルトン大阪梅田」も開業した。スイートルームからは公園の緑を一望できる。

グラングリーン大阪には3つのホテルができ、客室数は合計約1000室に及ぶ。このうちキャノピーは約300室を有する。

全体開業は大阪・関西万博閉幕後の27年度になる。三菱地所は「来場者目標を年間5000万人」としている。

ノースタワーにはイノベーション施設とホテル
北街区に立つ地下3階・地上26階建ての賃貸棟「ノースタワー」の外観（右）。高層部にホテル「キャノピーbyヒルトン大阪梅田」（左上）、低中層部にイノベーション施設「JAM BASE」（左下）を設けた

24年 旧局舎を生かす「KITTE大阪」

JPタワー大阪内に旧中央郵便局を曳き家

旧大阪中央郵便局の一部を超高層ビルの中に移設
商業施設「KITTE大阪」の中央部にある4層吹き抜けのアトリウム。北側に旧大阪中央郵便局の外壁が見える。タイルや石材だけでなく、窓枠から庇、床、多角形の柱（右写真）まで空間ごと移設した。窓ガラスは一度取り外し、移設後に元に戻している（写真：アトリウムはAkira Ito.aifoto、サインと柱は日経クロステック）

旧大阪中央郵便局の跡地を含む大阪駅西地区に誕生した「JPタワー大阪」。低層部の商業施設「KITTE大阪」が2024年7月末に開業した。吹き抜けのアトリウムに旧局舎の一部を曳き家して保存した。

2025年4月に開幕する大阪・関西万博に歩調を合わせ、JR大阪駅周辺と梅田エリアは大型施設の開業ラッシュに沸いている。大阪駅に新しくできた西口改札に直結する大阪市北区梅田3丁目の敷地には、地下3階・地上39階建てで高さ約188mの大規模複合ビル、JPタワー大阪が24年3月に竣工した。

オフィスの利用開始と劇場のオープンに続き、同年7月31日には高層部の高級ホテル「THE OSAKA STATION HOTEL,Autograph Collection」とKITTE大阪が同時開業。線路を挟んで向かい側には高さ約120mの新しい駅ビル「イノゲート大阪」も同日オープンした。

同年9月6日にはイノゲート大阪の目の前で、梅田再開発の象徴である「グラングリーン大阪」の一部が先行開業。梅田の景色は一変し、大勢の人が連日押しかけている。

モダニズムの傑作を一部移設

JPタワー大阪の地下1階から地上6階に入居するKITTE大阪には、110以上の店舗ができた。大阪らしく飲食店が軒を連ねる。そしてK

2000トン以上の既存躯体を多軸台車で回転
旧局舎の既存躯体を一辺17.1mのキューブ状に切り出し、多くの車輪が付いた多軸台車に載せて向きを90度回転させた。新型コロナウイルス禍だったため、最小限の人員で、緊張感の漂う曳き家を一発勝負で乗り切った（写真：竹中工務店）

旧大阪中央郵便局（大阪市、写真は保存した東側の正面）

■**竣工**：1939年（築82年） ■**設計者**：吉田鉄郎 ■**建築様式**：モダニズム建築 ■**構造**：鉄骨鉄筋コンクリート造 ■**保存建物平面**：17.1m（3スパン）×17.1m（2スパン） ■**保存建物高さ**：17.1m（3フロア階高） ■**保存建物重量**：約2120トン ■**移設先**：「KITTE大阪」1階アトリウム（4層吹き抜け） ■**移設方法**：曳き家（多軸台車工法、レール式スライド工法）（写真：日建設計）

ＩＴＴＥ大阪を訪れる人の多くが立ち寄るのが、1階中央部に設けた4層吹き抜けのアトリウムだ。

アトリウムの北面は、大阪の人にはなじみの見慣れたデザインである。もともとこの敷地内に立っていた旧大阪中央郵便局の東側正面のうち、地上1～3階の一部が保存されている。1939年に竣工した旧大阪中央郵便局は建築家の吉田鉄郎が設計した局舎で、モダニズム建築の傑作といわれている。

ＪＰタワー大阪の事業者は日本郵便とJR西日本、JR西日本ステーションシティ、JTBの4社だ。日本郵便は旧局舎の一部を保存することを望み、設計を手掛けた日建設計がプランを練った。アトリウムを見上げると、旧局舎の外壁がきれいに残る。

外装材だけはがしてアトリウムの壁に移設したのではない。「東側正面中央部の躯体を一辺17.1mの立方体として切り出し、超高層ビルの中に移設した」(日建設計の江副敏史デザ

旧大阪中央郵便局の跡地を含む駅前の敷地
大阪駅西地区に誕生した「ＪＰタワー大阪」の外観。低層部で商業施設のＫＩＴＴＥ大阪が開業した。敷地面積は約1万2900m²、延べ面積は約22万7000m²(写真：Akira Ito.aifoto)

2つの工法を組み合わせて曳き家

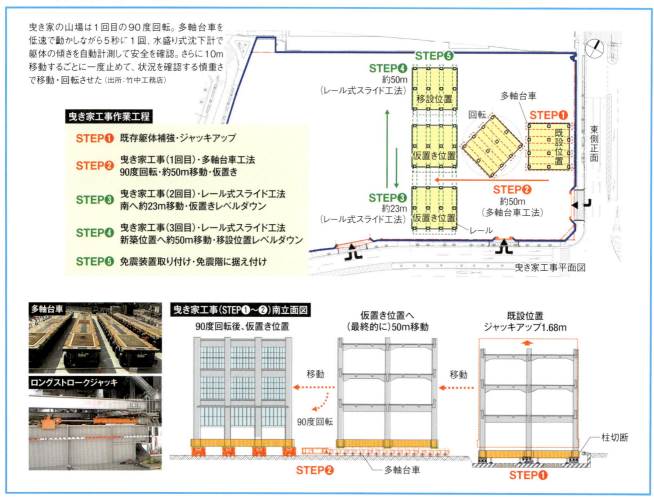

曳き家は3回に分けて実施

❶ ジャッキアップ

曳き家1回目

❷ 1回目（東から西へ約50m）

❸ 多軸台車（SPMT ※1）工法

❹ 建物を90度回転

曳き家2回目

❺ 2回目（北から南へ約23m）

❻ レール式スライド工法 ※2

曳き家3回目

❼ 3回目（南から北へ約50m）

❽ 曳き家完了

※1 自走式モジュラートランスポーター　※2 ロングストロークジャッキ

1回目の曳き家は多軸台車工法。2、3回目はレール式スライド工法を採用した。竹中工務店はスライド工法の実績は多いが、多軸台車の利用は初めて。通常は鉄道車両や潜水艦、プラントなどを移動させるのに使うもので海外製（写真：このページは竹中工務店）

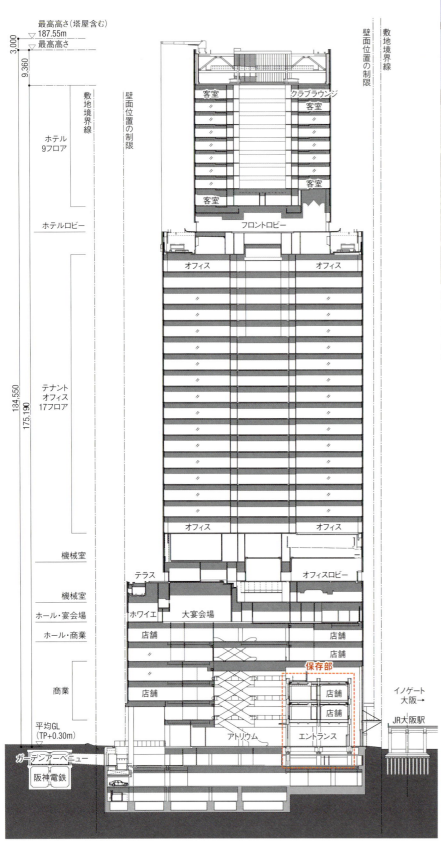

南北断面図 1/1,000

超高層タワーは既存躯体の増築
中央の超高層ビルがJPタワー大阪、右手(北側)に見えるのが新しい駅ビル「イノゲート大阪」。JPタワー大阪は旧局舎の東側正面と同じ向きから見た様子。超高層ビルの低層部北側に旧局舎の既存躯体が収まっている(写真:Akira Ito.aifoto)

インフェロー)。巨大なJPタワー大阪は保存部の増築扱いだ。

曳き家時に建物を90度回転

施工者である竹中工務店と銭高組には、旧局舎の一部を壊さず動かさなければならないという難題が課せられた。「2120トンある既存躯体を曳き家するだけでなく、途中で90度回転させて向きを変える。直線的な曳き家の実績は多いが、2000トン以上ある建物を回転させるのは初めて」。竹中工務店大阪本店技術部の浦瀬誠企画管理グループ長はそう振り返る。

旧局舎の柱を切断して保存部をジャッキアップし、直線レールを敷いて「ロングストロークジャッキ」で

押してスライドさせるのは想像がつく。だが回転はどうするか。竹中工務店が頭を悩ませていたとき、日本通運から「多軸台車（自走式モジュラートランスポーター）」の提案を受けた。リモコン操作で動く、多くの車輪が付いた連結台車である。

日通も保存建物の運搬に使った経験はなく、くり抜いた古い躯体を崩さず運べるかは分からない。竹中工務店は念入りに多軸台車工法の手順を検討した。「準備に半年かけ、実行は半日で完了した」（浦瀬企画管理グループ長）。杭工事を先に終わらせ、コンクリートを打設した平たんな場所で回転させた。

曳き家は3回に分けた。まず保存部を多軸台車で回転させながら、東から西に約50m移動する。次いで北から南に動かして仮置きし、先に移設先の基礎躯体工事を済ませる。最後に基礎が完成したアトリウムの位置に保存部を移設した。2、3回目の曳き家は直線移動なので、レール上をスライドさせた。

保存部は構造体としては独立している。床下には免震装置を取り付けた。エキスパンションジョイントで増築部とつなぎ、商業施設としてはシームレスに利用できる。

保存部には旧局舎の内装を生かしたカフェなどができた。木の床や壁や柱に使われているタイルと石材は掃除して磨き、竣工当時に近いモダンな姿がよみがえった。

旧局舎の外壁や窓を見下ろせる
アトリウム北側の保存部を見下ろす。窓のディテールや庇の上部までよく見えるようになった（写真：下も日経クロステック）

曳き家の司令塔が「台本」制作
曳き家工事を指揮した竹中工務店大阪本店技術部の浦瀬誠企画管理グループ長。当日は関係者が混乱しないよう、計測数値などの報告時のセリフまで事前に決めて本番に備えた

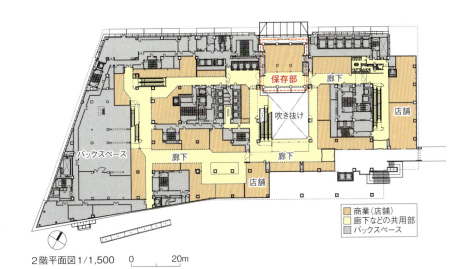

2階平面図1/1,500

22年　▶▶ 大阪梅田ツインタワーズ・サウス

木立のような建築で街に活力
「都市貢献」で足元の公共空間も一体整備

大阪・梅田のど真ん中に超高層オフィスを含む大型複合施設が2022年に完成した。「梅田木立」を掲げ、地下街の活力を地上に吸い上げて街全体ににぎわいを広げる建築を目指した。

阪急うめだ本店やJR大阪駅を結ぶ歩道橋から見る。アルミパンチングメタルを市松に張った低層部には阪神梅田本店が入る。アルミパンチングパネルの外装は長さ240mにわたって続く。その上部に超高層オフィスが立ち上がる
（写真：特記以外は母倉知樹）

第3章 大阪

阪神・阪急の両ビルを一体開発
北東から見る全景。公道を挟んで立っていた「大阪神ビルディング」(1963年完成)と「新阪急ビル」(62年完成)の2棟を一体的に再開発した。2期に分けて工事を進め、2022年に完成した
(写真:上は竹中工務店、下は生田 将人)

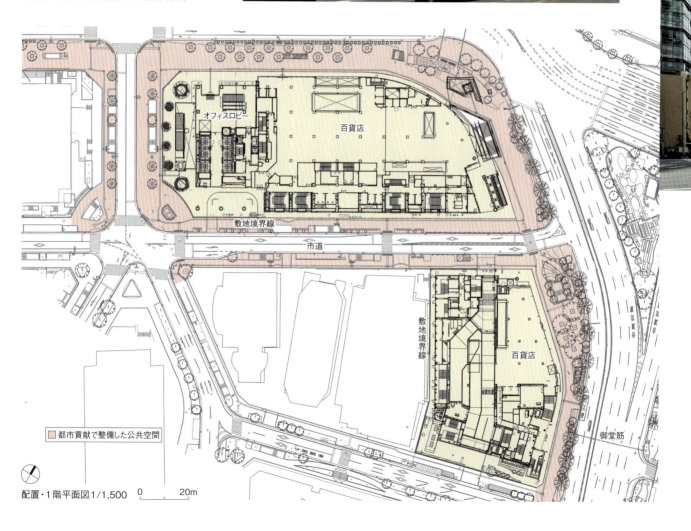

配置・1階平面図1/1,500

　老朽化した旧ビルの解体着手から数えて7年半。JR大阪駅の目の前で建て替え工事が続いていた大型複合施設「大阪梅田ツインタワーズ・サウス」が2022年に完成した。

　大阪駅に面した北面から、東側の御堂筋沿いまで、アルミパンチングパネルを市松に張った低層部が約240mにわたって続く。屋上の一部には庭園が設けられ、さらに縦のラインを強調した地上38階建ての超高層棟が立ち上がる。

　延べ面積は約26万m²。都市再生が活発な大阪・梅田エリアで最大級の規模だ。梅田の中でも早く、高度経済成長期から開発が進み、大型ビルが林立するダイヤモンド地区の先陣を切って再開発を終え、地区全体の顔とも言える存在感を見せる。

　「梅田の中でも、ダイヤモンド地区を含む大阪駅南側のエリアは古くから地下街が発達してきた。地下に満ちる人のにぎわいや商売の活力を地上に吸い上げ、街全体の持続可能性を高めるような生命感を、この建築に与えたいと考えた」。竹中工務店大阪本店設計部シニアチーフアーキテクト設計担当の梅田善愛氏は、大阪梅田ツインタワーズ・サウスの設計に込めた思いをそう語る。

活力を吸い上げる木立を表現

　大阪梅田ツインタワーズ・サウスは、老朽化した2棟の建物を一体的に再開発したものだ。1棟は、阪神百貨店の梅田本店が入っていた「大阪

キーワードは「梅田木立」
西側から見た地上38階建ての超高層棟。足元からアルミの縦ルーバーを立ち上げ、樹木のように空に伸び上がる木立を表現した。オフィスの総面積は約9万m²、約1万人の就業を見込んでいる

屋上の植栽は六甲の在来種
12階の屋上庭園。超高層棟の東側に広がる。低層部の百貨店とつながっており開放時は誰でも利用できる

神ビルディング」(1963年完成)。もう1棟はオフィスビルの「新阪急ビル」(62年完成)。建て替え中も阪神梅田本店が営業を続けられるように、2期に分けて工事を進めた。1期工事として東側半分の低層部を建設。その後、西側の建物を解体し、超高層棟を含む2期部分を施工した。

低層部に入る阪神梅田本店が、2022年4月6日にグランドオープンを迎えたほか、その上部のカンファレンスや屋上庭園、超高層棟に入るオフィスなどの各施設も順次オープンしている。

街の発展につながる生命感を意識した設計は、「梅田木立」をコンセプトに掲げて進めた。にぎわいの絶えない地下街から空に伸び上がる大型建築を、根から養分を吸い上げる樹木に見立てて、意匠や空間構成で表現した。高層棟がまとうアルミの縦ルーバーは、地下のドライエリアから立ち上がり、樹木のように空へと伸びていく姿を表現している。

街のにぎわいに近い低層部のファサードは植栽で彩った。市松に張ったアルミパンチングパネルの隙間には、六甲山系の在来種を取り入れた植栽を施している。阪神甲子園球場のグラウンド整備で知られる阪神園芸が植栽の選定にこだわり、ある程度まで育てたプランターを設置したものだという。同社は、12階にある屋上庭園も同じ趣旨で整備し、メンテナンスも手掛けている。

第3章 大阪

大阪駅前にできた大型オフィス
超高層棟のオフィス空間は広さ約3500m²。複数階に入居した企業もある

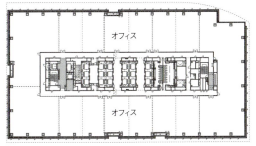

基準階平面図 1/1,500

梅田の街を一望
11階のオフィスロビー階。建物がカーブを描き、梅田の街を一望する位置に誰でも利用できるカフェ空間がある

11階平面図 1/1,500

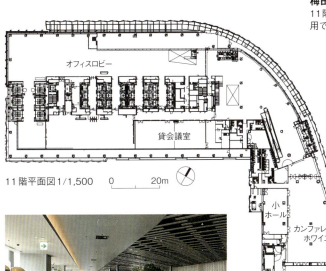

オフィスワーカー専用の空間も
12階は「WELLCO」と名付けられたオフィスワーカー専用フロア。本格的な厨房を備えた飲食スペースのほか、フィットネスや仮眠室などがある（写真：竹中工務店）

駅前立地の大型カンファレンス
11階の南側にあるカンファレンス「梅田サウスホール」。ホワイエと大小2つのホールから成る。アクセスの良い大阪都心部の駅に直結するカンファレンスはまだ少ない

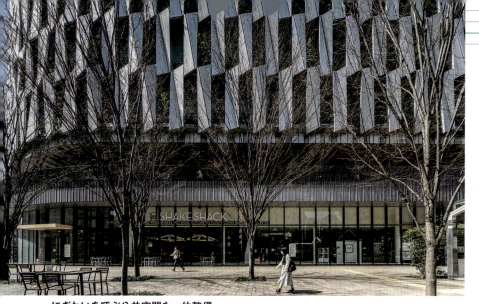

にぎわいを呼ぶ公共空間も一体整備
再開発に伴う「都市貢献」として、建物の足元にある公共空間も事業者の負担で再整備した。地上では歩道を拡幅し、飲食店がテーブルなどを出して利用できるようにした

道路の向かいまで一体整備
北側道路の向かい側の歩行空間も再整備している。地下街に下りる階段やトップライトも新設した

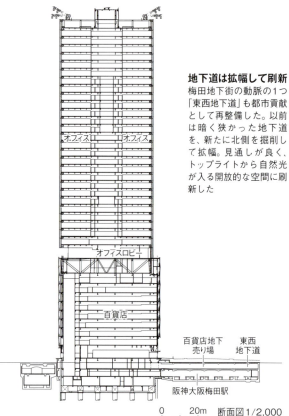

地下道は拡幅して刷新
梅田地下街の動脈の1つ「東西地下道」も都市貢献として再整備した。以前は暗く狭かった地下道を、新たに北側を掘削して拡幅。見通しが良く、トップライトから自然光が入る開放的な空間に刷新した

足元の公共空間も一体整備

　この建物は、都市再生特別地区の指定を受け、2000%という大幅な容積緩和を受けて整備された。容積率アップの条件として取り組んだのが「都市貢献」だ。歩道や歩道橋、地下道など、敷地に隣接する既存の公共空間を、開発者側がこの建物と一体的に再整備した。

　中でも様変わりしたのは、北側道路の直下にある東西地下道だ。地下を新たに掘削して拡幅し、随所にトップライトも新設するなどして、開放的な地下空間に刷新した。

　「足元の公共空間を一体的に整備した今回のプロジェクトでは、事業者のためという枠を超えて、街の将来をつくったという実感がある」と、設計を手掛けた梅田氏は話す。

ツインタワーズの2棟がそろい踏み
JR大阪駅北側からの遠景。写真左手の超高層ビルは、低層階に阪急うめだ本店が入る「大阪梅田ツインタワーズ・ノース」。2012年に完成した「梅田阪急ビル」を22年4月1日に改称した

低層部に市松に張ったアルミパンチングパネルの隙間にプランターを設置。六甲山系の在来種を取り入れ、野趣に富んだ緑を見せる

西側にある超高層棟のエントランスまわり。写真右手に見える道路は、都市貢献による再整備で車線を減らし、歩行空間を広げた

大阪梅田ツインタワーズ・サウス

■**所在地**：大阪市北区梅田1-13-1 ■**主用途**：百貨店・オフィス・ホールなど ■**地域・地区**：商業地域、防火地域、最低限第一種高度地区、都市再生特別地区 ■**建蔽率**：84.96％（100％） ■**容積率**：1980.86％（許容2000％） ■**前面道路**：北西60m ■**駐車台数**：75台 ■**敷地面積**：1万2192.83m² ■**建築面積**：1万358.9m² ■**延べ面積**：25万9372.65m²（うち容積率不算入部分1万7850.2m²） ■**構造**：鉄骨造、鉄骨鉄筋コンクリート造（地下） ■**階数**：地下3階・地上38階 ■**耐火性能**：耐火建築物 ■**基礎・杭**：杭基礎、直接基礎 ■**高さ**：最高高さ188.9m、軒高177.3m、階高4.7m（百貨店）・4.3m（オフィス）、天井高3m（百貨店）・2.9m（オフィス） ■**主なスパン**：9.6m×9.6m（低層部）・6.4m×19.1m（高層部） ■**発注者**：阪神電気鉄道、阪急電鉄 ■**基本計画・特区申請・基本設計**：日本設計 ■**設計・監理・施工**：竹中工務店 ■**設計協力者**：シリウスライティングオフィス（低層部外装・屋上庭園照明） ■**施工協力者**：関электрик工、栗原工業、中央電設（以上、電気）、須賀工業、西原衛生工業所（以上、衛生）、大気社、新菱冷熱工業（以上、空調）、YKK AP、LIXIL、三協立山（以上、低層部外装アルミパネル）、YKK AP、LIXIL（以上、高層部アルミサッシ）、三協立山（高層部アルミ縦ルーバー）、ダイワ（高層部プレキャストコンクリートパネル）、ノザワ（内外装押し出し成形セメント板） ■**運営者**：阪急阪神ビルマネジメント ■**設計期間**：2014年1月～15年7月 ■**施工期間**：2015年7月～22年2月 ■**開業日**：2022年4月6日（百貨店グランドオープン）

ヨットの帆をイメージした外観デザイン

大阪市北区堂島2丁目に完成した超高層複合タワー「ONE DOJIMA PROJECT」。写真は堂島川越しに南東から見た姿。高さは約195mで、梅田エリアで最も高い。マンションと「フォーシーズンズホテル大阪」が1つのタワーに「同居」している。構造は鉄筋コンクリート造、一部鉄骨造（写真：伊藤 彰）

24年

ONE DOJIMA PROJECT
タワマンと高級ホテルが合体

住宅と境目ない「ワンフォルムデザイン」の秘密

眺める方向で全く異なる建物に見える
タワーの角が大きくカーブする丸みを帯びたデザインかと思えば、鋭角で直線的なデザインの建物にも見える。共通するのは、外側に隔て板や室外機などが一切見えないことだ（写真：下も日経クロステック）

大阪市に2024年5月、新しいランドマークが誕生した。東京建物の分譲マンション「Brillia Tower 堂島」と同年8月に開業した高級ホテル「フォーシーズンズホテル大阪」が一体化した、異色の複合タワーである。

東京建物とシンガポールのHotel Properties Limited（HPL）が堂島川に近い堂島2丁目で開発した大規模施設「ONE DOJIMA PROJECT」。地下1階・地上49階建てで、高さは約195m。再開発が盛んな梅田エリアで現在、最高峰である。

眺望が自慢の457戸のタワマンとフォーシーズンズホテルがタワーに「同居」するとあって、21年の計画発表当初から話題をさらってきた。

住戸の専有面積は30m²台から230m²台で、販売価格は5000万円台から10億8000万円までと、大阪では強気な設定である。それでもBrillia Tower 堂島は大人気だ。

どこがホテルなのか分からない

ユニークな外観も目を引く。設計を手掛けた日建設計の大谷弘明常務執行役員チーフデザインオフィサーは、「事業者はタワーを1つの作品のように見せることを望んだ。そこで他の超高層とは異なる、たった1棟だけのデザインを探った。結果、外観からマンションの生活感を排除した」と明かす。

細部に注目してほしい。マンションなのにバルコニーの隔て板や避難ハッチ、ベントキャップ（給排気口の蓋）、室外機などが見当たらない。

しかも上から下まで「ワンフォルムデザイン」を貫き、「どのフロアがマ

ありきたりな外観デザインを否定
設計を手掛けた日建設計の大谷弘明常務執行役員チーフデザインオフィサー。超高層ビルの定番である直方体の形状を否定するところから始めた

ンションで、どこがホテルなのか判別できない」（大谷氏）。マンションとホテルの境界を感じさせず、水辺の堂島らしくヨットの帆を想起させるデザインで全体をまとめた。

単調にならないよう、眺める方向によって異なる表情を見せるようにもしている。建物の角が曲線を描いているかと思えば、尖った角もある。この外観はどのように実現したのか。以降で種明かしする。

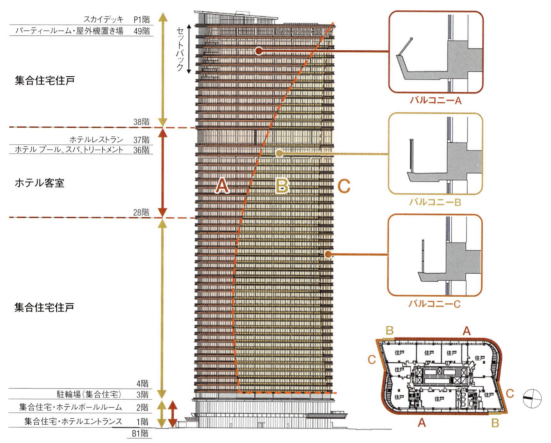

3種類のバルコニーを組み合わせて外観をデザイン
フロア構成図。形状が異なる3種類のバルコニーを組み合わせて、外観をつくる。「バルコニーA」には斜めの手すりを付け、内部が見えないようにしている。フロア平面は四隅のうち、アールを描く隅が2カ所、尖った角の隅が2カ所あり、アールと角はV字の線で結んでいる。平面全体は点対称になっている（写真：フォーシーズンズホテルズアンドリゾーツ、日建設計、出所：日建設計）

　外観から生活感をなくし、マンションとホテルで統一されたワンフォルムデザインを採用する。そのために日建設計は、「これまで経験がないバルコニーのつくり方に挑戦した」（大谷氏）。

　出幅や立ち上がり、手すりの形状などが異なる3種類のバルコニー（A、B、C）を用意。49階までフロアごとに少しずつ、3種類のバルコニーの配置を横にずらしていくことで、特徴的な外観デザインを生み出した。

　まずバルコニーの出幅を通常のマンションよりも長くし、バルコニーAは手すりを斜めに取り付けた。そして特殊なデザインのバルコニーをタワーの全周に巡らせた。バルコニーの床レベルは室内の床よりも下げた。

　空調の室外機はバルコニーの室内寄りに置くことで、外部から見えないようにしている。床レベルが低いので室内からも室外機が見えず、眺望を邪魔しない。

　3種類のバルコニーは通常、入居

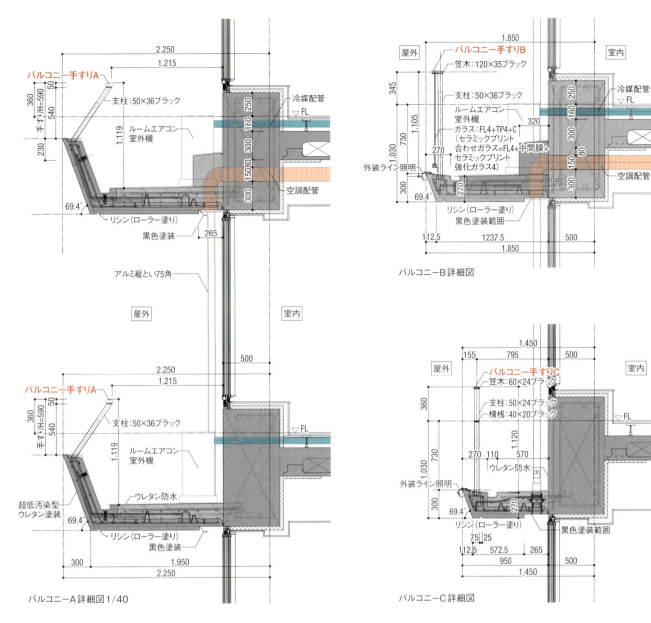

バルコニーA詳細図 1/40

バルコニーB詳細図

バルコニーC詳細図

バルコニーの配置をずらして曲線のラインを描く
フロアごとに3種類のバルコニーの使用比率を変え、曲線のラインが浮かび上がるようにした（上）。避難時のみ外周を移動できるだけの幅を確保している（右）
（写真：特記以外はナカサアンドパートナーズ）

最上部をセットバックしてルーフバルコニーをつくる
44～48階は南東と北西のアール部分が上層に向かってセットバックしており、ルーフバルコニーがある。高級レジデンスの中でも特別なフロアであることを印象付けた。最頂部はマンション入居者向けのスカイデッキになっている

遠くからもセットバックの曲線が分かる
最上部がセットバックしているので、ここにもヨットの帆のような曲線が生まれた。外観はますます不思議なフォルムになった（写真：スペースワン）

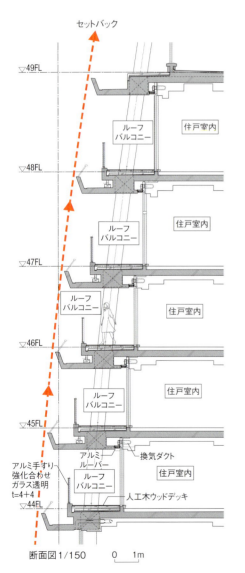

断面図1/150

者が外には出られない「サービスバルコニー」である。だから人の気配を感じないし、住戸間に隔て板を設けなかった。

窓にはカバー付きの開放制限機構を設け、約10cmまでは開けて換気ができる。避難時はカバーを壊して制限を解除し、サービスバルコニーに出る。そして外周に沿って逃げる。窓の清掃や室外機の保守をする人は、入居者が立ち入れない共用部の附室からバルコニーに出入りする。

一方、ホテルの客室バルコニーは、宿泊者の避難には使わない。日常の清掃と火災時の消防活動にのみ利用する。

こうしてワンフォルムデザインを追求した結果、外観から生活感が消え、マンションとホテルの境目も曖昧になった。美観を保つため、バルコニーの仕上げには超低汚染型の塗装を施した。

バルコニーAの立ち上がり部分やバルコニーB、Cの先端部はあえて斜めに倒し、雨だれによる汚れも付きにくくしている。手の込んだバルコニーのつくりに、施工者の竹中工務店は苦労した。

ホテルを挟んで上下に住戸

さて、ホテルはどのフロアにあるのか。フォーシーズンズホテルはタワーの中層部、28～37階（地下1階から地上2階までの一部を含む）に入居している。157室あるホテルを上下から挟むように、マンションは地下1階～地上27階及び38～49階に分散配置している。ホテルより上のフロアは、最高級のレジデンスだ。

外観を見ると、中層部に1フロア

もう1つの秘密
タワーの中央部に巨大な「ボイド」
住戸や客室の配管スペース要らず

　住戸もホテル客室も採光と眺望を確保するため、建物の外周側に居室を設けるのが一般的だ。すると建物の中央には、巨大な空洞（ボイド）を設けられる。入居者も宿泊者も見ることがない、タワーの中央部を貫く縦長の穴だ。

　日建設計はこのボイド空間を配管スペース（PS）や給排気ダクトを通すための「ボイドシャフト」として利用することにした。金属製の建材が連なる銀色をした「別世界」が、タワーの内部に存在している。

住戸や客室のプランが多様に

　各フロアの住戸や客室の排水は、2重床内でボイドシャフトまで引っ張っている。すると通常は住戸や客室に隣接して設けるPSが必要なくなった。「これまでにない住戸や客室のプラン設計が可能になった」（日建設計の大谷氏）

　例えば、客室の隣にPSがなければ、雁行した形の客室プランを実現できる。客室内が実際よりも広く感じる視覚効果が得られるという。

　配管やダクトをボイドシャフトに集約すれば、設備のメンテナンスを効率化できる。将来の住戸や客室のプラン変更にも対応しやすい。

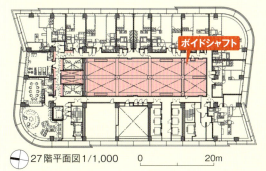

27階平面図 1/1,000　0　20m

排水管や給排気ダクトを集約
ボイドシャフトの内観。配管やダクトをタワーの中央部に集約し、メンテナンスを効率化した。将来的な住戸や客室のプラン変更も容易になる

だけ階高が大きいところがあるのが分かる。ホテルのレストランなどがある37階だ。普通はその上に客室を設けるが、フォーシーズンズホテルはレストランの下階に客室がある。階高が異なる帯状の部分は、外観デザインのアクセントにもなっている。

　超高層ビルに高級ホテルを誘致する場合、眺めが良い高層部に入居するのが一般的である。しかしONE DOJIMA PROJECTでは、ホテルの上に高級レジデンスを設けた。中でも44～48階の住戸は、タワーで唯一屋外に出られるルーフバルコニーを備えている。

　最上部のルーフバルコニーは、ヨットの帆をイメージした外観デザインにも一役買う。44～48階は上層部に向かって少しずつセットバックさせた。そこにも曲線のシルエットが生まれる。

▶ パークタワー大阪堂島浜

27年

マンションとホテル合体タワーがもう1棟
三井不動産グループが堂島浜で27年開業

　三井不動産レジデンシャルと三井不動産、三井不動産ホテルマネジメントの3社は2023年6月1日、三井不動産グループとしては初となる、分譲マンションとホテルが一体となった大規模複合施設を開発すると発表した。

　名称は「パークタワー大阪堂島浜」。建物の竣工及びホテルの開業は27年春を予定している。

　建物は、高さ約161mの超高層タワーになる。堂島川のリバーフロントに位置する「古河大阪ビル」の跡地に建つ。

　地下1階・地上40階建てで、延べ面積は約7万5000m²。513戸の分譲マンションと客室数220室のホテルで構成する。地上25～31階がホテルで、それ以外が分譲マンションになる。

　分譲マンションの事業者は三井不動産レジデンシャルで、間取りは1LDK～3LDK。共用部となる地上1階のエントランスホールには、コンシェルジュを配置する。

　2階にはラウンジやライブラリーサロン、コミュニティーホールを設ける。24階にはスパエリアなどもつくる。

　一方、ホテルは三井不動産ホテルマネジメントが展開している「三井ガーデンホテルズ」の上位ブランドである、プレミアシリーズが入居する予定だ。

　客室の平均面積は30m²超とする。客室の他、レストランやバー、ラウンジ、フィットネスジムを設ける。

　施設の最寄り駅は、京阪電鉄中之島線の渡辺橋駅で徒歩3分。他にもJR大阪駅や地下鉄の西梅田駅、淀屋橋駅、北新地駅が徒歩6～11分圏内にある。交通の便は非常に良い。

分譲マンションとホテルが合体した大規模複合施設の完成イメージ
（出所：全て三井不動産レジデンシャル、三井不動産、三井不動産ホテルマネジメント）

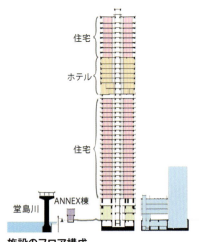

施設のフロア構成

敷地内に高層棟（タワー棟）と低層棟（パーキング棟）、ANNEX棟の計3棟を建てる

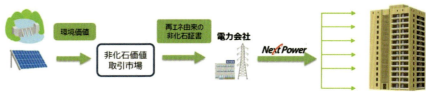

一括受電システムの概念図

中之島には既にホテル「三井ガーデンホテル大阪プレミア」（写真左手の薄茶色の建物）がある。写真右手のツインタワー「フェスティバルシティ」のうち、手前側のビルにはホテル「コンラッド大阪」が入居している
（写真：日経クロステック）

敷地はL字形をしており、面積は約5755m²。そこに超高層タワーを含め、3棟を建てる。

マンションとホテルができる「高層棟」（超高層タワー）の構造は、鉄筋コンクリート（RC）造。地下1階・地上4階建ての「低層棟」はRC造、一部鉄骨（S）造。地上2階建ての「ANNEX棟」はS造、一部RC造とする。

低層棟は、駐車場と駐輪場になる。堂島川沿いに建てるANNEX棟はマンションの共用部として入居者が憩いのスペースとして利用できる他、オフィスが入る。

設計・施工は清水建設。外観デザイン監修は、ホシノアーキテクツが担当する。建物頂部の「クラウン（王冠）」はホシノアーキテクツらしい。

三井不動産グループは首都圏にある施設やマンションの開発で、ホシノと何度も組んでいる。関西の同グループ物件でホシノアーキテクツがファサードデザインを手掛けるのは初めてとなる。

この物件では、分譲マンションの共用部と専有部及びホテルを含めた1棟全ての電力を実質再生可能エネルギー100％（非化石証書を持つ環境価値を内包した電気）の一括受電システムで賄う。分譲マンションとホテルの複合施設における実質再生可能エネルギー100％の一括受電システム採用は国内初となる。

マンションは省エネを推進し、「ZEH-M（ネット・ゼロ・エネルギー・ハウス・マンション）」の認証取得を予定しているという。

ONE DOJIMAがすぐ近く

今回の計画地は、東京建物とシンガポールの不動産会社Hotel Properties Limited（HPL）が共同で開発した複合施設「ONE DOJIMA PROJECT」が目と鼻の先だ。分譲マンション「Brillia Tower 堂島（ブリリアタワー堂島）」と「フォーシーズンズホテル大阪」が一体となっている。

分譲マンションと高級ホテルの組み合わせは、まだまだ珍しい。それが1ブロックしか離れていない堂島エリアに2棟できる。

ONE DOJIMA PROJECTは24年5月に竣工している。三井不動産グループの施設より、約3年先行する。

そのうえ、入居するホテルの格で言えば、フォーシーズンズホテル大阪のほうが上だろう。フォーシーズンズホテル大阪は25年の大阪・関西万博の開幕前である24年8月に営業を始めたので、大阪での認知度は高くなるはずだ。

堂島や中之島エリアは再開発が活発で、中でも高級ホテルの集積地になりつつある。堂島川を挟んで対岸にはホテル「コンラッド大阪」がある。自社の「三井ガーデンホテル大阪プレミア」も既に営業中だ。

近隣にライバルがひしめく中、三井不動産グループは3社の力を結集し、超高層タワーの価値を高めなければならない。三井ガーデンホテル大阪プレミアとドミナントを形成し、堂島・中之島エリアで存在感を高める必要がある。

22年 ▶▶ 大阪中之島美術館

黒箱を貫く立体パッサージュ
正面つくらず四方の通路と大開口で地域結節点に

構想発表から約40年。2022年2月2日、大阪市北区で「大阪中之島美術館」が開館した。5階建ての内部をくりぬいたダイナミックな立体の「パッサージュ」が来館者を圧倒する。

第3章 大阪

堂島川と土佐堀川の間に広がる中州に、大阪中之島美術館は誕生した。中之島のほぼ中央に当たり、市の中心街の南北と再開発が進む中之島の東西をつなぐ結節点に位置する。設計者の遠藤克彦氏は、この美術館が「東西南北の回遊動線が交わる『道』の上に立つ」と考えた。歩行空間に、平面が正方形の建物が載るプランを導いた
（写真：特記以外は車田保）

5層をつなぐ吹き抜けのパッサージュ
4階から階下を見る。パッサージュの吹き抜けは1～5階をつなぎ、トップライトまで続く。吹き抜けの高さは約30m。チケット売り場がある2階と展示室がある4階とをつなぐ黒い直通エスカレーターが交差する

　大阪中之島美術館がJR大阪駅の南西で開館した。建物の特徴は、黒いプレキャストコンクリート（PCa）パネルに囲まれた直方体の外観と、内部を立体的にくりぬいた「パッサージュ」（遊歩空間）である。

　建物の3～5階を黒い外壁で囲み、チケット売り場や店舗などがある1～2階はガラス張りにした。だから黒い箱が浮いているように見える。高さは約36.9mある。

　建物には四角形やL字形の大開口を四方に設けた。開口は街と美術館をつなぐ象徴である。

　美術館の東側には歩行者デッキを設け、道路をまたぐ2階レベルで隣の建物とつなげた。西側にもデッキがある。北側には芝生広場を設け、目の前に堂島川を望む。

　設計者は、2017年2月に公募型設計競技（コンペ）で最優秀案に選ばれた遠藤克彦建築研究所。代表取締役である遠藤克彦氏は計画地を視察したとき、この場所が中之島のほぼ中央で、かつ市街地の回遊動線の結節点になることに気づいた。

　「東西と南北の『道（パス）』が交わる上に、美術館が載っているイメージが浮かんだ」（遠藤氏）

　それをコンペの設計要件だったパッサージュにつなげた。2階のパッサージュは道をつくったに等しい。四方に出入り口がある人流の交差点

四方の大開口が街と美術館を接続
5階の大きな窓から、北側を流れる堂島川と対岸の街並みを望む。展望ロビーの大開口は、街に開いた美術館の象徴的な存在だ。麻の葉文様を描く耐風圧の鉄骨マリオンがアクセントになっている。大開口の位置や形はパッサージュの通し方で決めた

5階平面図

4階平面図

展示室の間仕切りは可動式
4階展示室のホワイトキューブは、天井高が4m。間仕切りは可動式だ。中央の作品は開館記念展覧会のキービジュアルになった、洋画家・佐伯祐三の「郵便配達夫」。4階には黒い展示室もある
（写真：日経クロステック）

5階の展示室は天井高6m
5階には3つの展示室がある。ひとつながりにも別々にも使える。3室合計で約1700㎡、天井高6m。布を垂れ下げ、様々なデザインの椅子のシルエットを映す演出が見られた
（写真：日経クロステック）

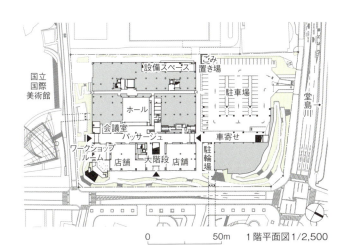

0　50m　1階平面図1/2,500

2階平面図

149

5階を南北に貫く直線のパッサージュ
5階のパッサージュを北側から見たところ。パッサージュの両端には大開口がある。光天井とし、プラチナシルバーの化粧ルーバーで仕上げた壁が光をまとう

四方に出入り口がある2階のパッサージュ
美術館のメインエントランスは2階にある。2階のパッサージュは誰でも通り抜けられるパブリックスペースだ。1階ではなく2階を主要な出入り口にしたのは、中州に立つ美術館の浸水対策でもある。作品は3階以上の物理的に高い位置で保管・展示する

直交するエスカレーターが館内のハイライト
直交する2本の長いエスカレーター。下りのエスカレーターの下を、上りのエスカレーターが通り抜ける大胆な配置。上りと下りで着床位置を離し、混雑を緩和した

常設と企画の展示フロアを分ける
常設展示主体の4階から企画展示する5階に移動するには、短いエスカレーターに乗り換える。常設を何度も見に来る人のため、直通エスカレーターは2階と4階を結んだ

突き当たりの大開口が奥行きを出す
5階から4階に通じる階段。踊り場の前には大きなガラス窓があり、西側の景色が見える。ここの床にはフローリングを採用

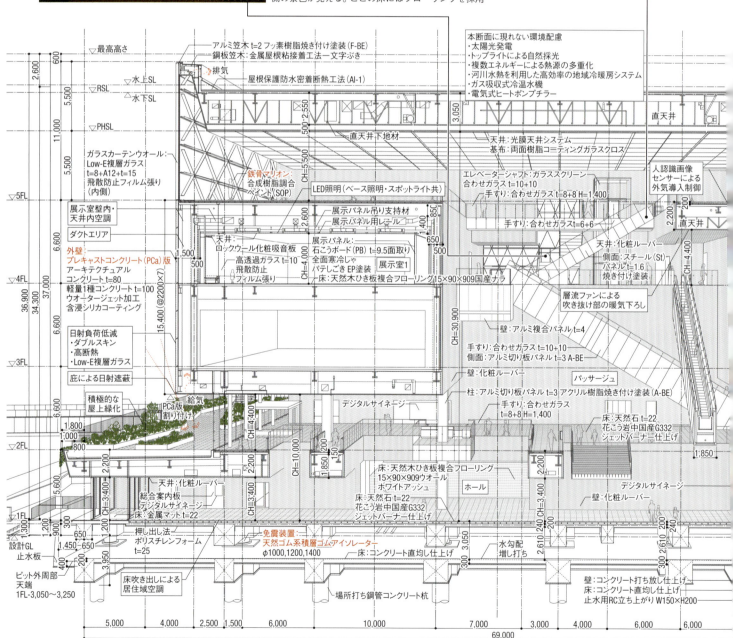

断面パース 1/300

だ。遠藤氏は「この建物には正面がない」と説明する。1辺が約63mある正方形の平面プランで開口は四方に設け、結節点であることを強調した。

パッサージュは高さが約30mの吹き抜けを介して、垂直方向にも延びる。1～5階をつなぐパッサージュは約3400m²あり、遠藤氏は建物の「背骨」に例えた。

この提案が審査員に評価され、当時40代だった遠藤氏は総施設整備費が約156億円に上るプロジェクトの設計を任された。

もう1つ評価されたのが浸水対策である。中州に立つ美術館は、開館時点で6000点を超えるコレクションを抱える。作品を水害から守らなければならない。

「公共の美術館は街に開く必要があるが、浸水対策は反対に閉じる発想だ。エントランスがある2階も十分高い位置にあるが、作品は物理的にさらに高い3～5階で保管・展示する分かりやすいプランにした」(遠藤氏)。黒い箱は作品を光からも守る。

大胆な直交エスカレーター

パッサージュで目を引くのは、2階と4階をつなぐ真っ黒な2つの直通エスカレーターである。吹き抜けで直交する大胆なつくりに、誰しも驚く。

4階と5階のパッサージュの突き当たりには、大きなガラス窓がある。4階は東西、5階は南北に開き、四方の景色を楽しめる。

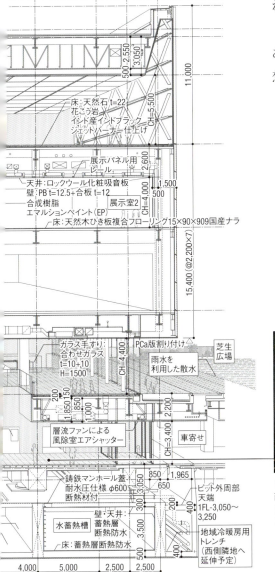

1階の店舗も街に開く仕掛け
南北をつなぐ1階のパッサージュ。ホールやワークショップルームの他、レストランやカフェ、ショップが開業

大阪中之島美術館

■**所在地**:大阪市北区中之島4-3-1 ■**主用途**:美術館 ■**地域・地区**:商業地域、防火地域、特定都市再生緊急整備地域、駐車場整備地区、埋蔵文化財包蔵地 ■**建蔽率**:51.91%（許容100%） ■**容積率**:140.84%（許容654.97%） ■**前面道路**:東14.55m、南6.00m、北26.38～28.56m ■**駐車台数**:72台 ■**敷地面積**:1万2870.54m² ■**建築面積**:6680.56m² ■**延べ面積**:2万12.43m²（うち容積率不算入部分1886.07m²） ■**構造**:鉄骨造、基礎免震 ■**階数**:地上5階 ■**耐火性能**:耐火建築物 ■**各階面積**:地上1階6420.98m²、2階2636.72m²、3階3454.15m²、4階3578.23m²、5階3714.76m²、塔屋階127.59m² ■**基礎・杭**:場所打ち鋼管コンクリート杭 ■**高さ**:最高高さ36.9m、軒高34.3m、階高1階5.6m、2～4階6.6m、5階8.55m（水下スラブまで）、天井高1階パッサージュ3.4m、10.0m、23.2m、2階パッサージュ4.4m、17.6m、4階パッサージュ4.4m、12.1m、5階パッサージュ5.5m、ホール6.7m、4階展示室4.0m、5階展示室6.0m ■**発注者**:大阪市 ■**設計者**:遠藤克彦建築研究所、大阪市都市整備局 ■**設計協力者**:東畑建築事務所（建築）、佐藤淳構造設計事務所、tmsd萬田隆構造設計事務所（以上構造）、東畑建築事務所、コモド設備計画（以上設備）、スタジオテラ（ランドスケープ）、内外エンジニアリング（外構）、明野設備研究所（防災）、ACE積算（積算）、directionQ（サイン）、藤森泰司アトリエ（家具） ■**施工者**:銭高組・大鉄工業・藤木工務店JV（建築）、テクノ菱和・西原衛生工業所JV（空調・衛生）、浅海電気・三宝電機JV（電気）、三菱電機ビルテクノサービス、日本エレベーター製造（以上昇降機）、カンディハウス（家具） ■**運営者**:大阪中之島ミュージアム（日本の美術館では初のPFI法に基づくコンセッション方式を導入） ■**設計期間**:2017年3月～18年12月 ■**施工期間**:2019年2月～21年6月 ■**開館日**:2022年2月2日 ■**総施設整備費**:約156億円

22年 ▶▶ 藤田美術館

展示室前をガラス張りで開く
高い塀を撤去して土間と茶店に誘う

国宝9点を収蔵する大阪市の「藤田美術館」が建て替えを終え、2022年4月に開館した。展示室に入る前の土間スペースをガラス張りにし、人々が立ち寄りやすくしている。

第3章
大阪

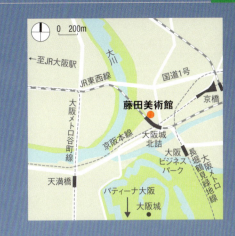

敷地北東側の交差点から見た美術館の外観。白い建物は入り口付近がガラス張りで、奥まで見通せる。道路側に柵や塀を設けず、街に開かれた美術館の在り方を模索した。外に張り出した庇が印象的だ（写真：特記以外は生田将人）

回廊と庭園を一体化
美術館の西側に設けた回廊と、茶室や塔がある庭園の間は自由に行き来できる。回廊の柱は細くして、庭園との連続性を高めた。回廊の白い壁は蔵を連想させるしっくい仕上げ

美術館の敷地を公園と接続
かつて藤田家の邸宅があった場所に隣接して立つ。「毛馬桜之宮公園」と美術館の敷地との境界をなくし、公園とも接続した。美術館の敷地面積は約3300m²だが、公園の一部に思えるようになった
（写真：右も大成建設）

塀に囲まれて内部が見えず
建て替え前の美術館。明治時代に関西で財を成した藤田傳三郎とその子息が収集した約2000点の美術品を保管するための蔵だった建物を改装。1954年から美術館として利用してきたが、美術館は高い塀に囲まれていた

　「こんな所に団子のお店なんてあったかしら？」。そんな声が聞こえてきそうな大阪の新名所が、大阪城近くに誕生した。地下1階・地上2階建ての小ぶりな文化施設「藤田美術館」だ。真っ白な外観がまぶしい。

　施設の西側には庭園が広がり、屋根付きの回廊と仕切りなく続いている。庭園は隣にある都市公園「毛馬桜之宮公園」とも境界なくつながる。上空から見ると、美術館は公園の一部に思える。

　かつてこの場所は、明治時代に関西を代表する実業家として様々なビジネスに関わった藤田傳三郎の邸宅があった場所だ。現在は大阪市が管理する公園になっている。美術館はもともと、藤田家が集めた美術品を

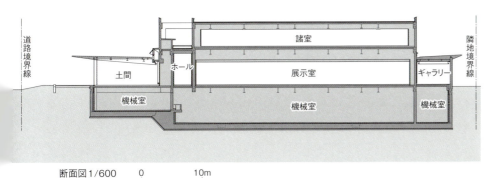

断面図 1/600　　0　　10m

暗闇の展示室で美術品が浮き立つ
展示室は暗くし、美術品の回りだけ照明を当てる。天井を覆う木のルーバーは、以前の建物から切り出した木板。不ぞろいのまま取り付けた

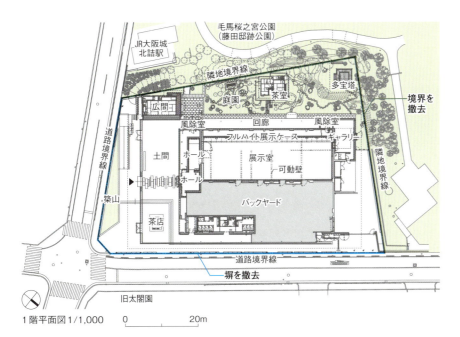

1階平面図 1/1,000　　0　　20m

ギャラリーから庭園と公園を臨む
暗い展示室を抜けると、西側のギャラリーに出る。蔵の鎧（よろい）戸を窓として再利用し、公園とつなげて外を見せている（写真右手）。明るい庭園に立つ高野山ゆかりの「多宝塔」がギャラリー正面に見える

収蔵するために建てられた蔵だった。

　藤田美術館は知る人ぞ知る私設美術館で、国宝や重要文化財を数多く収蔵する。その歴史は約70年に及ぶ。

　にもかかわらず、美術館は高い塀に囲まれ、周辺に住む人たちでさえ存在を知らない人が多かった。空調がなく、春と秋しか開館しない。蔵を改装し、1954年にオープンした美術館は訪れる人が少ないまま、ひっそりと収蔵品を守り続けた。

　その後、建物は老朽化し、公益財団法人藤田美術館は建て替えを決断。2017年6月から長期休館し、大成建設による設計・施工で新しい建物に生まれ変わった。22年4月に開館したのが現在の藤田美術館だ。

　館長の藤田清氏には、先代から受け継いだ収蔵品を後世に伝える責務がある。一方で収蔵品は広く公開し、多くの人に見てもらってこそ価値がある。

　大成建設関西支店の平井浩之設計部長は、「塀を撤去して美術館を街に開き、かつて藤田家の邸宅があった公園とも境界をなくしたいという話を藤田館長から聞いた。このとき建て替えの方向性が決まり、最後までぶれなかった」と振り返る。

ガラス張りの土間に人々が集う

　新しい藤田美術館が目指したのは、とにかく存在を知ってもらうことだ。1つしかない展示室の前に広い土間スペースを設け、広間と茶店を配置。道路からガラス越しに見えるように

来館者を出迎える明るい土間スペース
美術館のガラス越しに見える現代風の茶店（上）。焼き立ての団子とお茶をいただける。土間のエリアは入場無料だ。正面入り口と重なるように、展示室への扉を配置。かつて蔵で使っていた重厚な扉を再利用している（左下）。土間の西側には畳敷きの広間も用意した（右下）。畳はリバーシブルで、裏返すとフローリング床になる

した。塀を取り除くだけでなく、気軽に入れる雰囲気づくりを重視した。土間で能を舞ったり、イベントを開いたりすることも可能だ。

土間の壁は、白いしっくいで仕上げた。展示室につながる扉は蔵で使っていた重厚なもの。「蔵の部材を生かし取りにして、館内にちりばめた」（平井設計部長）

正面から見ると、すっと一文字を描いたような鉄骨屋根がファサードのアクセントになっている。片持ち部分は3.65mで内勾配の大庇だ。

庇で直射光を遮断し、窓からの熱量を抑える。ハイサイドライトから土間に光を取り入れ、しっくい壁を柔らかく照らす。奥行きが深い土間スペース全体を明るくしている。光の通り道（ダクト）は通風口でもあり、自然換気を促す。

屋根は軒を上がり勾配にし、先端にといを設けなかった。外から見ると薄くなるようにデザインを意識した。

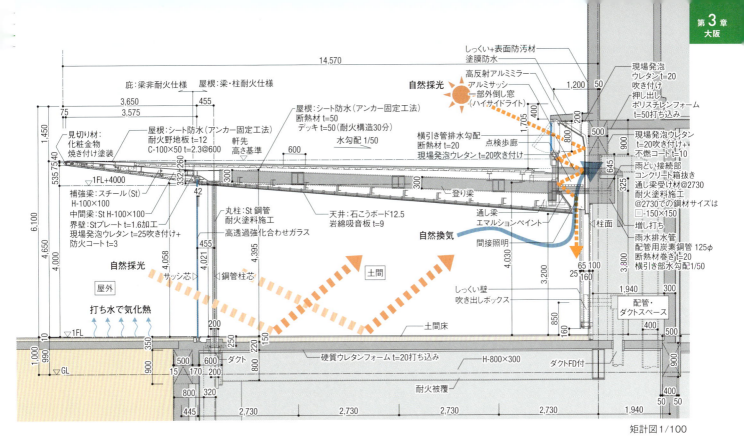

矩計図 1/100

大庇の形や納まりはBIMで検証
先端を上り勾配とした大庇は、BIMで形や構造、納まりを検証した。庇の軒天を1枚板のように見せるため、目地幅を3mmまで狭めた。職人技が光る
（下の出所：大成建設）

ハイサイドライトから採光
大庇で直射光を遮り、入り口から風を取り込む。ハイサイドライトから差し込む光が反射板を介して、土間のしっくい壁を柔らかく照らす
（写真：日経クロステック）

美術館の顔、国宝「曜変天目茶碗」
展示室は約430m²と広くないが、国宝や重要文化財など貴重な美術品が並ぶ

庭園と公園の境界は曖昧に
庭園に立つ茶室の右側が公園との隣地境界に当たる。公園とひと続きにして、一体感を生んだ。大阪市と協議を重ねて公園との境界をなくしたことで、藤田家の邸宅と庭園だった頃の土地の面影がよみがえった

そのためBIM（ビルディング・インフォメーション・モデリング）を使って3次元設計し、納まりを検討。それと同時に温熱や気流のシミュレーションを繰り返して、庇や開口部の大きさなどを決めた。

明るい土間に対し、展示室は一転して暗闇になる。美術品にライトが当たり、浮き上がって見える。展示室を出ると光と緑が目に飛び込んでくる。最後は公園とつないだ回廊を歩き、土間に戻る動線だ。

発注者の声

藤田 清氏 藤田美術館 館長
団子を食べて国宝を見る気軽さ

以前の美術館は、藤田家の収蔵庫を転用した建物だ。1911年の建設当時は最先端である、鉄筋コンクリート造の蔵だった。戦争で大阪の街が広く焼失したなか、収蔵庫は被災を免れ、100年以上にわたって美術品を守り続けてきた。

しかし近年は老朽化が進み、耐震上の問題を抱えていた。空調設備もなく、美術品の保管には適さない。収蔵品の中には国宝や重要文化財が含まれており、建て替えを決意した。地元企業に提案を呼びかけたこともあったが、結果、大成建設に設計・施工を依頼した。

建て替えでこだわったのは、藤田家の邸宅があった現在の毛馬桜之宮公園と美術館の敷地をつなげることだ。公園と一体化し、街に開いた美術館に生まれ変わろうとした。

大阪市とは約3年かけて協議を重ね、公園と接続する協定をまとめた。

公園に遊びに来た人が館内の茶店で団子を食べながら休憩し、談笑しているうちに「奥の展示室に国宝があるの？」と気付いてもらう。そんな気軽さで美術品に触れてほしい。散歩ついでの鑑賞も大歓迎だ。　　　　　　　　　（談）

藤田美術館

■**所在地**：大阪市都島区網島町10-32 ■**主用途**：美術館 ■**地域・地区**：第2種住居地域、準防火地域、景観計画区域、下水道処理区域、埋蔵文化財包蔵地 ■**建蔽率**：65.68％（許容70％）■**容積率**：124.35％（許容300％）■**前面道路**：東9.09m、北9.87～10.18m ■**駐車台数**：3台 ■**敷地面積**：3305.98m² ■**建築面積**：2171.63m² ■**延べ面積**：4214.36m²（うち容積率不算入部分103.27m²）■**構造**：鉄筋コンクリート造、一部鉄骨造 ■**階数**：地下1階・地上2階 ■**耐火性能**：1時間耐火建築物 ■**各階面積**：地下1階1493.16m²、地上1階1902.82m²、2階785.16m²（以上美術館）、31.24m²（茶室）、1.98m²（内腰掛け）■**基礎・杭**：杭基礎（既製コンクリート杭）■**高さ**：最高高さ10.94m、軒高10.08m、階高6.10m（展示室）、天井高3.20～4.03m（土間）、2.40m（広間）、3.60m（展示室）■**主なスパン**：2.73m×2.73m ■**発注者**：公益財団法人藤田美術館 ■**設計・施工者**：大成建設 ■**設計協力者**：トータルメディア開発研究所（展示）■**施工協力者**：三建設備工業（空調・衛生）、住友電設（電気）、平田建設（茶室）、トータルメディア開発研究所（展示）■**運営者**：藤田美術館 ■**設計期間**：2016年6月～18年10月 ■**施工期間**：2018年11月～20年8月 ■**開館日**：2022年4月1日

大阪の繁華街を南北に貫く御堂筋沿いが激変する（左）。御堂筋は歩行者空間の改良工事も推進中（上）（写真：特記以外は日経クロステック）

御堂筋、堂島、中之島で再開発ラッシュ
大阪中心部にオフィスやタワマンが急増

24〜26年

万博開催を追い風に再開発が進む大阪。JR大阪駅周辺以外にも、御堂筋沿いや堂島、中之島などでも大規模プロジェクトが進行中だ。

オフィスビルの競争は激化

超高層ビルの開発が相次いだことで、テナント企業の獲得競争は激化している。JR大阪駅前や梅田といった駅近の人気は高いが、少し離れた淀屋橋周辺の物件には価格優位性がある。各物件は競争力を生み出すため、共用部や環境性能などの条件を充実させている。

注目は、御堂筋の玄関口に位置する大規模プロジェクト「淀屋橋ステーションワン（淀屋橋駅東地区都市再生事業）」だ。2025年5月の竣工を予定している。

低層階向けと中層階向けのエレベーターがあり、そのシャフトの上にある吹き抜け空間を利用する。また、中層階と高層階のオフィスフロアには緑のあるテラスを整備する。リフレッシュできる空間を全階層に設け、他の超高層ビルと差異化を図る。

26年には御堂筋を挟んで向かい側に「淀屋橋駅西地区市街地再開発（仮称）」が完成する。淀屋橋駅直結の巨大タワーが2棟立ち上がる。

大阪メトロ御堂筋線の淀屋橋駅と本町駅の中間にできた「アーバンネット御堂筋ビル」は24年8月に開業済み。テナント企業で働く人々のウェルビーイングに配慮した設計に注力する。オフィス共用部で利用者の健康を高める設計を評価する「WELL Core」の予備認証を取得した。同認証を取得することでテナント企業が「WELL認証」を取得する際に、審査項目が一部免除される利点がある。

オフィス以外では、人々のにぎわいを生む商業施設や観光施設の開発に注目が集まる。

万博が「いのち輝く未来社会のデ

| **1**所在地 **2**発注者、事業者 **3**設計者 **4**施工者 **5**竣工時期 **6**オープン時期 **7**主構造 **8**階数 **9**延べ面積 |

26年 淀屋橋駅西地区市街地再開発(仮称)
駅前に135mの巨大ビル
11階には屋上庭園を整備

大阪メトロ御堂筋線・京阪本線の淀屋橋駅に直結するハイグレードオフィス。地上11階には一般客も利用可能な屋上庭園やカフェを整備する。環境性能にも配慮し、性能評価ではLEEDのゴールドランクやCASBEEのSランクを取得予定。10階部分に地域冷暖房システムを導入し、淀屋橋駅への熱供給を行う計画だ。

1 大阪市中央区北浜4-104 **2** 淀屋橋駅西地区市街地再開発組合、大和ハウス工業、住友商事、関電不動産開発 **3** 日建設計 **4** 大林組 **5** 25年12月 **6** 26年 **7** S造、一部SRC造・RC造 **8** 地下2階・地上29階 **9** 約13万2000m²

25年 淀屋橋ステーションワン(淀屋橋駅東地区都市再生事業)
ビジネス街の入り口に150mビル
淀屋橋駅に直結する複合タワー

大阪メトロ御堂筋線・京阪本線の淀屋橋駅直上に建設中の高層オフィスビル。地下1階から地上2階までは吹き抜けの広場を整備し、商業施設などを入れる。2階にはテラス付きの飲食店などが入り、健康に配慮したメニューを提供するなど利用者のウエルネスも重視。最上階には大阪城を含めた市街地を一望できる展望施設を設ける。

1 大阪市中央区北浜3-1-1他 **2** 中央日本土地建物、京阪ホールディングス、みずほ銀行 **3** **4** 竹中工務店 **5** 25年5月 **6** 25年夏 **7** S造、一部SRC造 **8** 地下3階・地上31階 **9** 約7万3000m²

24年 アーバンネット御堂筋ビル
御堂筋の中心地に100mビル 共用部はウエルネスを配慮

大阪メトロ御堂筋線の淀屋橋駅と南隣の本町駅の中間に位置し、御堂筋に面する高層オフィスビル。事業者のNTT都市開発はNTTグループのICT（情報通信技術）を活用し、タッチレス入退館システムなどを運用する。ワーカーのウエルネスにも配慮しており、賃貸ビル共用部の健康配慮施策を評価する「WELL Core」認証の予備認証を取得した関西初のビルとなる。

1 大阪市中央区淡路町4-2-13 2 NTT都市開発 3 NTTファシリティーズ（基本設計）、鹿島（実施設計）
4 鹿島 5 24年1月 6 24年6月 7 S造、一部SRC造・RC造（制振構造） 8 地下2階・地上21階
9 約4万2400m²（写真：NTT都市開発）

ザイン」というテーマを掲げていることを受け、医療関連施設の開発も進む。関西はライフサイエンスを今後の成長産業にしていく方針を掲げる。中之島エリアはその重要拠点として整備される計画だ。

24年6月には中之島で、未来医療国際拠点「Nakanoshima Qross（中之島クロス）」が開業した。同施設は再生医療をベースに人工知能（AI）などを活用した最先端医療技術を推進することをコンセプトとし、病院に加えて医療機器メーカーやスタートアップの研究開発拠点も備える。

この施設を中心として、周辺にも関連分野の研究施設やスタートアップのオフィスが集積していくことが予想される。

これまで大阪中之島美術館や国立国際美術館、大阪国際会議場など、文化発信エリアとしての役割を果たしてきた中之島。そのイメージを塗り替える再開発も進む。タワーマンションの開発計画が目白押しである。

市の中心部に様々な機能が集積することで、近隣の宅地開発にも影響が出始めた。JR新大阪駅や阪急電鉄十三駅付近では動きが活発だ。大規模オフィスが集中する梅田エリアから近く、通勤などの利便性が高いことから住宅需要が拡大している。

十三駅周辺は飲食店などが並ぶ歓楽街として知られている。ファミリー層が住む街のイメージは薄かった。だが近年はマンション開発が盛んだ。代表格が淀川区役所の跡地に建設中の「ジオタワー大阪十三」である。26年に入居開始を予定する。

「中之島クロス」（写真：日経クロステック）

マンションとスーパー、図書館などの複合施設「ジオタワー大阪十三」
（出所：阪急阪神不動産）

▶▶ 大阪堂島浜タワー

24年 大阪三菱ビル跡地に143mタワー 16階に展望施設、ホテルに露天風呂

大阪で再開発が活発な御堂筋沿いの堂島エリアに、地域のランドマークが帰ってきた。

三菱地所と三菱商事都市開発、積水ハウス、三菱HCキャピタルが堂島浜1丁目で開発を進めてきた複合施設「大阪堂島浜タワー」が2024年4月15日に竣工した。もともとこの地にあった「大阪三菱ビル」を建て替えた。同時に、堂島川沿いに広がる周辺の水辺空間を再整備した。

地下2階・地上32階建てで、高さは約143m。御堂筋が堂島川と交差する北西側の角地に立ち、非常に目立つ。全体に青みがかって見える建物は、「Low-Eペアガラス」で覆われている。2枚のフロートガラスの間に

（出所：三菱地所、三菱商事都市開発、積水ハウス、三菱HCキャピタル）

2024年4月に竣工した「大阪堂島浜タワー」（中央の青い建物）。旧大阪三菱ビルを建て替えた。中層部のオフィスはワンフロアが約530坪の無柱空間になる。川沿いに位置するため、水害に備えて電気施設は地上3階以上に配置する
（写真：三菱地所、三菱商事都市開発、積水ハウス、三菱HCキャピタル）

御堂筋と堂島川が交差する角地に立つ。遮るものが少なく、街からの視認性が高い
（写真：以下、特記以外は日経クロステック）

16階の観光展望施設「WowUs（ワオアス）」が24年9月にオープンした。誰でも自由に利用できる

乾燥空気を入れ、遮熱高断熱特殊金属膜をコーティング。断熱と遮熱の性能を高めた。熱の流出入を抑え、光熱費の削減に寄与する。

オフィスとホテルが主体の建物だが、地上4〜15階のオフィスフロアと17〜31階のホテルの間に当たる16階に24年9月、誰でも利用できる観光展望施設「WowUs（ワオアス）」が誕生した。これが大阪堂島浜タワーの大きな特徴だ。

25年の大阪・関西万博に向け、ウッドデッキのテラスから市内を一望できる展望施設と、その上に誘致した高級ホテル「カンデオホテルズ大阪ザ・タワー」で観光客を呼び込む。

大阪堂島浜タワーの敷地面積は約3571m²、延べ面積は約6万7000m²。構造は鉄骨造、地下は一部鉄骨鉄筋コンクリート造。

事業者は三菱地所と三菱商事都市開発、積水ハウス、TMK（三菱HCキャピタルの関連会社）が出資するオーエム4特定目的会社だ。設計は三菱地所設計・竹中工務店JV（共同企業体）、施工は竹中工務店がそれぞれ手掛けた。プロジェクトマネジメントは三菱地所が担当した。

大阪で存在感を増すカンデオホテルズ

大阪堂島浜タワーの最上階南面は、開放的な空間になっている。ここは地上135mの高さにある展望露天風呂「天空のスカイスパ」だ。カンデオホテルズ大阪ザ・タワーの目玉

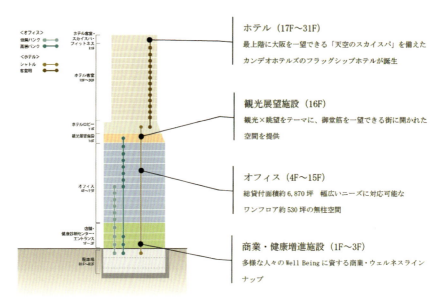

大阪堂島浜タワーの断面図。16階に観光展望施設「WowUs（ワオアス）」を設け、一般に開放した。施設には店舗や展望会議室も併設する。その上にホテル「カンデオホテルズ大阪ザ・タワー」が入居（出所：三菱地所、三菱商事都市開発、積水ハウス、三菱HCキャピタル）

堂島川沿いは再開発が活発で、特に高級ホテルの開業が相次いでいる。写真左手に見える青い建物は、24年8月に開業した「フォーシーズンズホテル大阪」が入居する超高層タワー「ONE DOJIMA PROJECT」

となる施設である。

カンデオホテルズを展開するカンデオ・ホスピタリティ・マネジメントは、ホテルの最上部に露天風呂やサウナなどがある本格的な温浴施設「スカイスパ」を設けることで、他のホテルと差異化を図っている。カンデオホテルズで最大となるカンデオホテ

カンデオホテルズ大阪ザ・タワーの展望露天風呂「天空のスカイスパ」（写真：三菱地所、三菱商事都市開発、積水ハウス、三菱HCキャピタル、カンデオ・ホスピタリティ・マネジメント）

ホテルの客室例（写真：三菱地所、三菱商事都市開発、積水ハウス、三菱HCキャピタル、カンデオ・ホスピタリティ・マネジメント）

ホテルの階下にできた展望施設から大阪市内のパノラマを楽しめる

再整備した船着き場（写真：三菱地所、三菱商事都市開発、積水ハウス、三菱HCキャピタル）

ルズ大阪ザ・タワーにも31階に市内を見渡せるスカイスパを設置した。

18〜31階が客室フロアで、客室数は548室とカンデオホテルズで最多。広さは24㎡を基本とし、最大75㎡まで11タイプを用意する。17階がホテルのフロント、ロビー、レストラン、バーになる。16階の展望施設とは内部階段でつながっている。

カンデオホテルズは万博に照準を合わせて、大阪に次々とホテルを出店中。岸辺となんばに続き、23年11月には心斎橋、24年6月には枚方がオープン。そして同年7月17日には、旗艦店となる堂島浜の大阪ザ・タワーが開業した。外資系ホテルの大阪進出が相次ぐ中、日本勢で奮闘している。

大阪堂島浜タワーの建設に当たり、事業者は敷地に隣接する「堂島公園」を再整備し、新しい水辺空間を設けた。公園からつながる船着き場も刷新し、大阪府に譲渡している。

建物がある堂島浜1丁目地区は都市再生特別地区に指定されている。公園や船着き場を再生することで、堂島川沿いのにぎわいの創出に貢献する。オフィスワーカーやホテルの宿泊者、展望施設の利用者などにとって憩いの場となる。

>> 大阪ガスビルディング

31年

御堂筋の象徴「ガスビル」を保存改修
モダニズム建築と33階建ての西館共存

　御堂筋のランドマークとして親しまれてきた、平野町4丁目の「大阪ガスビルディング（通称ガスビル）」が保存改修される。

　大阪ガスは2023年2月7日、グループの大阪ガス都市開発が所有するガスビルのリニューアルと、その西側にあるグループの社有地（西用地）に新設する複合ビルの詳細を発表した。同日、大阪府の都市計画審議会で都市再生特別措置法に定める都市再生特別地区として計画案が審議・可決され、都市計画決定される見通しになった。

　現存するモダニズム建築の名作の1つと言われるガスビルは、南館と北館で構成されている。1933年に竣工し、2003年に国の登録有形文化財に登録された南館と1966年に増築した北館の保存改修工事を2028年に開始する予定だ。31年ごろの改修完了を目指す。

　築約90年の南館は、安井建築設計事務所の創業者である安井武雄が設計した。モダニズム建築の特徴である水平や垂直線を基調とした幾何学的な外観の意匠が特徴である。白磁タイルと黒御影石を用いて、白黒を対比させた色使いになっている。

　地上8階建てで、構造は鉄骨鉄筋コンクリート造。延べ面積は約1万8400m^2。施工は大林組だ。

　約30年後に増築された北館は、設計が安井建築設計事務所の佐野正一に引き継がれた。施工は南館を手掛けた大林組が続投した。階数と構造は南館と同じで、一体化することを狙った。

　とはいえ、全く同じデザインにはせず、窓ガラスを大幅に拡大。オフィスとしての居住性を高めた。延べ面積も南館より広い2万7700m^{2}ある。

　改修工事に先立ち、24年には現在駐車場などになっている西用地に、高さ約150mで地上33階建ての複合

保存改修する「ガスビル」（手前）と西用地に新築する超高層ビル「ガスビル西館」の完成イメージ（出所：全て大阪ガス、大阪ガス都市開発）

隣接する2つの敷地を一体的に使って再開発を進める

上は北東側から見た完成イメージで、奥がガスビル西館。右の3点の写真は、現在のガスビル（写真：日経クロステック）

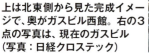

1933年の竣工当時のガスビル（写真：安井建築設計事務所）

西館の1～8階は8階建てのガスビルと外観デザインを調和させる

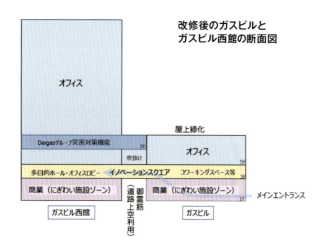

改修後のガスビルとガスビル西館の断面図

ガスビルと西館の間を通る市道の上空部イメージ

ビル「ガスビル西館」を新築する工事を開始する予定だ。構造は鉄骨造、一部鉄骨鉄筋コンクリート造である。

西館の1～8階は隣のガスビルと外観デザインを調和させる。外装の緑化にも取り組む。

27年ごろの完成後、現在のガスビルにあるグループ本社機能を西館に移転・集約する。西館の1～2階は商業施設になる。そして、31年のガスビル改修後は、同じく1～2階を商業施設にする。共に1～2階を商業施設に充て、低層部ににぎわいを創出する。

また、ガスビルと西館の間を通る市道（御霊筋）の上空に連結空間を設ける。道路上空スペースは「イノベーションスクエア」とし、西館3階の多目的ホールやガスビル3階に設けるコワーキングスペースを含めて、3階全体をイノベーション拠点とする予定だ。都市再生特別地区制度の下、2

つの敷地は道路をまたいで一体的に活用していく。

新旧3館を合わせると、敷地面積は約1万m²、延べ面積は約13万6000m²。都市再生への貢献で、容積率は約1200％に緩和される。

なお、現在ガスビルの8階にある御堂筋の名物レストラン「ガスビル食堂」は、改修後も同じ場所で営業を継続する見通しである。

外観も床面積も既存の85％残す

保存改修の詳細については、大学教授など有識者による「ガスビル保存検討委員会」で話し合われてきた経緯がある。

ガスビルは南館と北館が一体となって、特徴的な外観を形成している。この外観のうち、東側・北側・南側の3面全てと西側の一部を保存する。

その結果、外観全体の面積の約85％が残ることになる。ガスビルファンには朗報だ。

また、建物内部は床面積の約85％を占める部分の躯体を保存する。竣工当時の趣が残る玄関やエレベーターホールなどが保存対象になる。歴史的建築物の雰囲気を残した賃貸オフィスも整備する。

改修ではガスビルの耐震性を高めるため、南館と北館の接続部分など一部を減築。建物を軽量化する。そして1～8階を貫く吹き抜けのアトリウムを新たに設ける。

メインエントランスは御堂筋側に移し、そこからアトリウムを抜けて隣の西館までスムーズに移動できるようにする。こうして御堂筋のにぎわい創出に貢献する。

ガス会社として、高効率分散型のガスコージェネレーションシステムも導入。耐震性が高い中圧導管でガスを供給し、災害時にも電力や熱の供給継続を可能にする。

西館は上町断層帯地震や南海トラフ地震を想定した耐震強度を確保。ビル全体のレジリエンスと公共インフラ企業としての事業継続性（BCP）を強化する。

南館8階にあるレストラン「ガスビル食堂」（写真：大阪ガス）

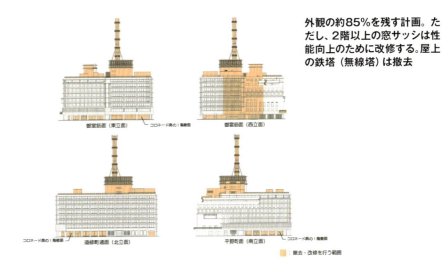

外観の約85％を残す計画。ただし、2階以上の窓サッシは性能向上のために改修する。屋上の鉄塔（無線塔）は撤去

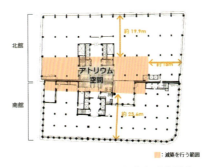

床面積の約85％を占める躯体部分を残す

ガスビルの1～8階を貫く吹き抜けのアトリウムを設ける

>> 心斎橋プロジェクト（仮称）

26年 | 心斎橋の交差点にエリア最大級ビル
ヒューリックと竹中工務店などが協業

　心斎橋の御堂筋沿いに巨大な複合施設が姿を現しつつある。2026年3月に竣工を予定している「心斎橋プロジェクト（仮称）」だ。御堂筋と長堀通がクロスする心斎橋の交差点に面した市の中心部に位置する。

　ヒューリックは心斎橋開発特定目的会社、竹中工務店、JR西日本不動産開発と心斎橋プロジェクトを推進する。同社が17年に取得した「心斎橋プラザビル（本館・東館・新館）」と「心斎橋フジビル」の合計4棟を建て替え、新たに超高層の複合ビルを建設する。

　22年の発表から2年半以上がたち、心斎橋の交差点には巨大な建物の輪郭が見え始めている。完成すれば、心斎橋の新しいランドマークになるのは間違いない。

　このビルには店舗や事務所、ホテルが入居する予定だ。オフィスビルの開発実績が多いヒューリックが、心斎橋に旗艦店を構えるパルコなどと手を組み、心斎橋を盛り上げる。

　パルコと同じグループの大丸や、外資系のブランドショップが立ち並ぶ大阪随一のショッピングエリアは連日、インバウンドで大盛況だ。心斎橋プロジェクトも高級店をテナントに誘致することになりそうだ。ビルの低層部は2～3層から成るメゾネット型店舗の入居を想定している。

　御堂筋沿いには交差点を挟んで、大丸心斎橋店北館を改修して20年に誕生した「心斎橋PARCO」と、御堂筋のシンボルであり19年に建て替えられた「大丸心斎橋店本館」が並ぶ。そこに心斎橋プロジェクトが加わる。竹中工務店はこれらのビルの設計・

「心斎橋プロジェクト（仮称）」の完成イメージ
（出所：全てヒューリック、心斎橋開発特定目的会社、竹中工務店、JR西日本不動産開発）

計画地は心斎橋の交差点に面する好立地

(写真:日経クロステック)

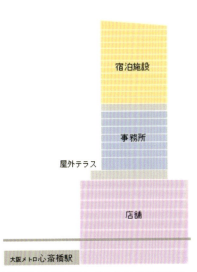

低層部は高級ブランド店などの商業施設、中層部はオフィス、高層部はヒューリックグループのホテルが入居する

外観デザインコンセプトは「Quartz(水晶)」

8階のオフィスロビーには、屋外テラスを設ける

施工に広く関わってきた。

複合ビルは地下2階・地上28階建てで、高さは約132m。設計は日建設計・竹中工務店の基本設計JV(共同企業体)、実施設計と施工は竹中工務店が手掛ける。

建物には低層部の商業施設に加え、中層部には心斎橋付近には少なかった駅上に大規模フロアを持つオフィス、そして高層部にはヒューリックグループが運営する「ザ・ゲートホテル」をつくる。

敷地面積は約3289m²、延べ面積は約4万6200m²。エリア最大級の複合ビルになる見通しで、遠くからも見える。地下2階は大阪メトロ御堂筋線と長堀鶴見緑地線の心斎橋駅に直結する。

心斎橋では珍しい駅直結オフィス

建物の外観デザインは、「Quartz(水晶)」をコンセプトとする。低・中・高層部と上に行くに従ってボリュームを絞り、分節する。水晶が成長するかのように、ビル全体が上昇していく感じを表現する。

フロア構成は、地下2階から地上6階までが商業施設、8～14階が駅直結で希少性が高いオフィスになる。そして、16～28階には京都に続くザ・ゲートホテルの関西2軒目にして、同地区の旗艦ホテルを設ける。

オフィスは1フロアが約268坪から最小分割区画が約24坪まで、テナントの多様なニーズに対応できるフロアプランを用意する。8階に置くオフィスロビーは、2層吹き抜けを予定している。御堂筋を望む屋外テラスと接続し、オフィスワーカーにゆとりの空間を提供する。

ザ・ゲートホテルは客室数が220室以上の大型ホテルになる見通しだ。約120mの高さにある最上階にルーフトップバーを設け、特徴を打ち出す。富裕層やインバウンド向けの宿泊や食事、買い物のニーズを幅広く満たす施設を目指す。

23年 ≫ 東京建物三津寺ビルディング

寺院取り込む高層ホテル
江戸期の本堂を新築ビル低層部に曳き家

寺院とホテルが一体化した珍しい施設が大阪の御堂筋沿いに誕生した。15階建ての新築ビルの低層部に曳き家で移設した木造の本堂をすっぽり収めた。

ホテルエントランスと寺院の境内を一体化した「東京建物三津寺ビルディング」の地上1階。ビルは15階建てで、4〜15階にホテルが入居している。御堂筋に面し、心斎橋駅となんば駅からそれぞれ徒歩5分という大阪随一の繁華街に立つ。インバウンドにも人気のエリアだ（写真：特記以外は生田将人）

第 3 章 大阪

「七宝山大福院 三津寺」の本堂内部。三津寺は1200年以上の歴史があり、現在の本堂は1808年に建立されたもの。第2次世界大戦の火災を免れた江戸時代の木造建築物だ。天井に描かれた100を超える花卉（かき）図など江戸時代の華麗な美術が残る。平安時代から江戸時代までの仏像も数多く保有している（写真：日経クロステック）

173

ビルの低層部に寺院を丸ごと移設
高さ約60mのビルの低層部北側に寺院、南側に商業施設を配置した。左の写真は西面外観。中高層部は「カンデオホテルズ大阪心斎橋」。三津寺は本堂の位置を変えるに当たり、参拝しやすい御堂筋側の路面配置にこだわった（上）。境内につながる御堂筋側の門扉は開けた状態で固定してあり、誰でも参拝できる

　御堂筋沿いに風変わりな新名所が誕生した。高層ビル「東京建物三津寺（みってら）ビルディング」の地上1〜3階に設けた3層吹き抜けのピロティに、寺院が立つ。御堂筋の歩道からよく見え、「このお寺、本物？参拝できるの？」と新旧が入り交じる光景を不思議そうに眺めながら、大勢の人が通り過ぎていく。

　寺院は地元の心斎橋エリアではよく知られた「七宝山大福院 三津寺」だ。長く信仰の場になってきた三津寺の本堂を保存しながら、複合施設と一体的に建設するプロジェクトで現在の姿になった。中高層部には「カンデオホテルズ大阪心斎橋」が入居し、2023年11月26日に開業した。

　工事ではまず同じ敷地内にあった本堂を曳き家で移設。その上にビルを建てた。

　付随する庫裡（くり）（厨房）は解体し、ビル内に新設した。敷地南側の三津寺筋にあった寺院の出入り口を御堂筋側に変更したため、非常に目立つようになった。

　前例がない計画を三津寺が決断したのは、江戸時代に建立された現在の本堂をこれからも保存し、同時に老朽化が進んでいた庫裡を建て替えるためだ。三津寺は仏教文化を次世代に継承するため、ビル内への移設という奇抜なアイデアに同意した。

　保存と建て替えという喫緊の課題を抱えていた三津寺の悩みを聞いた東京建物は、カンデオホテルズを展開するカンデオ・ホスピタリティ・マネジメントと共同でプロジェクトを提案。三津寺が所有する約890m²の敷地に15階建てのビルを建設し、低層部に寺院と商業施設、中高層部にホテルが入るプランを持ち掛けた。

　三津寺は、本堂の上にホテルを建

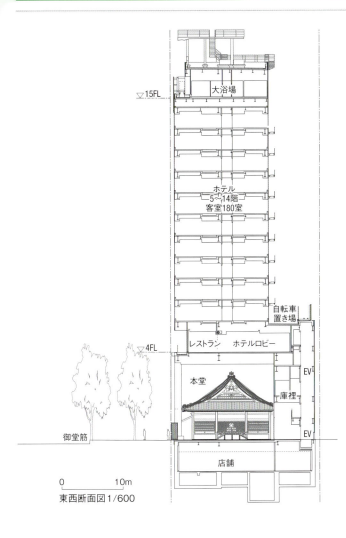

東西断面図 1/600

本堂を囲むように鉄骨の躯体を建設

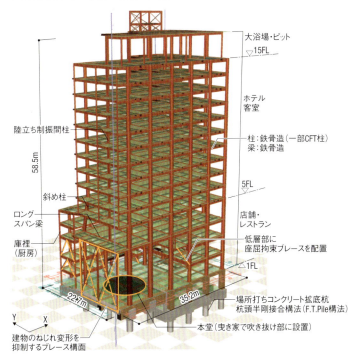

構造アクソメ図　3層吹き抜けのピロティに本堂を安全に収めるため、北側の外壁内に制振ブレースを配置（出所：大成建設）

てることには賛同した。ただし、「本堂を路面に設置することだけは譲れなかった」。前住職の加賀哲郎氏（検討時に住職）は、こう打ち明ける。

最終的に、本堂を丸ごと御堂筋沿いに移設して取り込む"寺院一体型ビル"の建設を前住職は了承。三津寺は所有する土地に50年の定期借地権を設定し、東京建物が契約して借地権者になった。東京建物から定期的に収入を受け取り、将来の改修資金などに充てる計画だ。

境内とホテルの出入り口が合体

このビルが画期的なのは、寺院とホテルを空間的に分かりやすく共存

発注者の声

（写真：東京建物）

高橋浩氏 東京建物 常務執行役員 クオリティライフ事業本部長兼ホテル事業部長

本堂を丸ごと残したい住職に寄り沿う

当社とカンデオ・ホスピタリティ・マネジメントからの提案を三津寺が受け入れてくれたのは、「本堂をそのまま移設する」と明言したからだ。次の100年に向けて本堂を継承することが自分の責務だと考えていた住職にとって、一部保存のプランは了承できるものではなかっただろう。我々も本堂の建物や花卉図は貴重で、後世に残すべきだという思いが強かった。

プランを提出する前、当社のスタッフが本堂の下に潜り、基礎を調べさせてもらった。すると本堂を基礎から切り離し、曳き家できそうだと分かった。そこで本堂を丸ごとビル内に移すプランを出した。

200年以上前の木造建築や花卉図を傷つけずに曳き家し、その周りに鉄骨造の高層ビルを建てるという難工事ができる建設会社は限られる。三津寺への提案時には競合関係にあった大成建設に当社から改めて声をかけ、曳き家を相談。「できる」と回答を得たので、大成建設に設計・施工を依頼した。新型コロナウイルス禍にやり遂げてくれた。　（談）

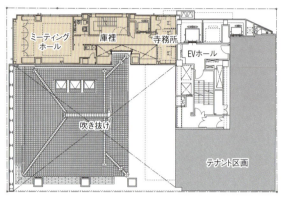
2階平面図

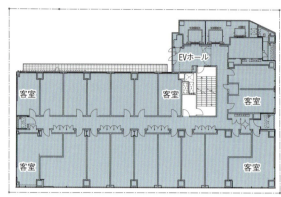
ホテル客室階平面図

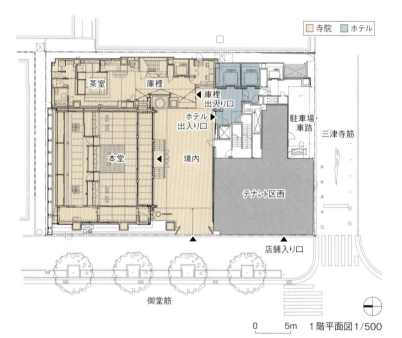
1階平面図 1/500

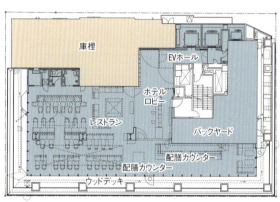
4階平面図

窓から御堂筋が見えるホテル客室
カンデオホテルズは家族で泊まれる広めの客室が特徴だ。大阪心斎橋は客室数が180室で、標準客室面積は約24m²。大きな窓に低いソファ、鏡張りの壁などで室内をさらに広く見せている。西側の窓からは御堂筋の街並みが見える（写真：右もカンデオ・ホスピタリティ・マネジメント）

ホテル最上階に自慢の露天風呂
カンデオホテルズのもう1つの特徴である大浴場や露天風呂、サウナを備えた温浴施設「スカイスパ」。露天風呂から市内の景色を楽しめる

させた点だ。具体的には、本堂前の境内とホテルエントランスを共通化し、ピロティは24時間出入りできるようにした。「今まで以上に街に開かれたお寺になろうと決めた」。前住職は覚悟を口にする。

ホテルの宿泊客は皆、境内を通って4階のロビーに向かう。当然、本堂が目に入る。カンデオの穂積輝明会長兼社長は、「心斎橋・なんば地区はホテルが密集する激戦地だ。客室の広さや温浴施設がカンデオホテルズの特徴だが、寺院と一体化した唯一無二のホテルとして大きな差異化を図りたい」と話す。

1階北側のピロティとは対照的に、1階南側はガラスファサードの商業施設になる。御堂筋エリアでも敷地周辺は高級ブランド街で、東京建物も高級店を誘致する。

防災と照明で本堂の攻め守り

施設の設計・施工を手掛けたのは大成建設だ。同社の設計本部エグゼクティブ・フェロー副本部長関西支店設計部長である平井浩之氏は、「本堂の上に容積を載せて敷地を有効活用する都市型寺院の在り方をゼロから考えた。構造計画と防災計画の立案が鍵になった」と語る。

ビル全体と低層部の3層吹き抜けを支える、鉄骨造の強固な構造架構が不可欠となる。本堂上部のロングスパン梁に陸立ち制振間柱を設け、地震時のエネルギーを吸収。主架構の損傷を軽減する。吹き抜けのピロティを含む低層部はビルのねじれ変形を抑制するため、北側の外壁内に制振ブレースを入れた。座屈拘束ブレースも併用している。

本堂とビルの間には地震時の互いの変形が干渉しないように120〜200mmのクリアランスも設けた。ピロティの南北方向には、本堂の倒壊防止ワイヤも仕込んだ。

寺院の風格を引き立てる照明計画

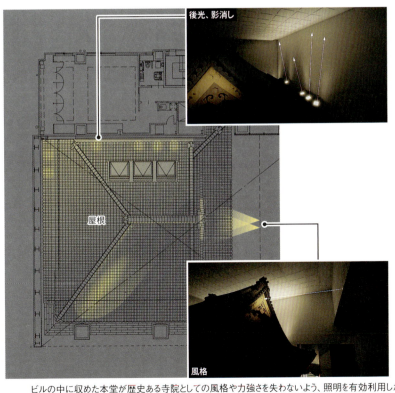

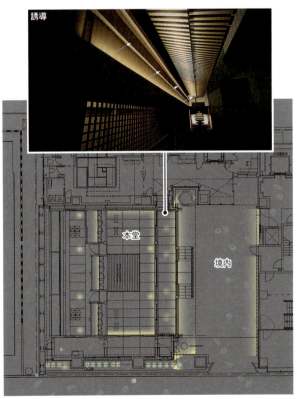

ビルの中に収めた本堂が歴史ある寺院としての風格や力強さを失わないよう、照明を有効利用した。本堂のシンボルである破風を照らすスポットライトや後光が差しているような演出、壁に映る影を打ち消す上向きの照明、ビル内部への誘導灯を使い分ける。照明計画シミュレーションはパナソニック（出所：パナソニック）

従前の本堂は1933年に一部改修したもの
移設前の本堂。1933年に庫裡（写真左手）が増築された際、本堂正面に曲線状の向拝（唐破風）が追加された。伽藍（がらん）配置は敷地南側の三津寺筋を正面としていた。曳き家した後、本堂の修復を実施している（写真：デジクリ）

移設後に本堂を建立時の様式に戻す
現在の本堂。屋根や軒を修復し、同時に外観を建立時の建築様式に戻した。唐破風を撤去し、1933年の増築前の姿に戻している。修復で取り外した部材の一部は、境内や御堂筋側に設けた植栽などの装飾に転用

　火災についてはホテルの防火とは別に、本堂があるピロティに異なる備えが必要だった。ピロティは天井高が約12mあり、「通常のスポット型火災報知機は使えない。カメラを使う炎感知器を取り付けた」（大成建設設計本部建築設計第二部プロジェクト・アーキテクトの水野裕介氏）。

　ピロティ天井の縁内部には熱の上昇を捕捉する空気管感知器も設置。意匠を損なわず防火性能を高めた。

　ピロティ天井には放水スプリンクラーを設置しているが、本堂内陣も居室扱いになるため、スプリンクラーが必要になった。だが花卉図（かき）を傷つけるわけにはいかない。スプリンクラーの位置にある天井板だけは取り外し、模写板をはめて穴を開けた。

　三津寺は境内で護摩だきをする。防火は万全だが、心配なのは煙の滞留だ。事前に夏と冬、風の有無で煙シミュレーションを実施した。

　最も条件が悪くなった夏の無風状態でも、約30分で境内の煙濃度はほぼゼロになり、煙がこもらないことを確認した。本堂が映えるように白くした天井や壁は特殊塗装を施し、煙のすすや道路の排ガスで汚れにくくしている。

　守りの防災とは別に、照明を駆使した攻めの演出にも取り組んでいる。照明には複数の役割があり、大成建設はパナソニックと共同で計画を練った。

　最も重要なのが寺院の風格や力強さを増す光だ。夜間は本堂の破風や垂木、瓦屋根をスポットライトで際立たせたり、本堂に後光が差しているように見せたりする。本堂に光を当てるとビルの壁に影が映るが、「上向きの光で影を薄めている」（水野氏）。

東京建物三津寺ビルディング

■**所在地**：大阪市中央区心斎橋筋2-7-12 ■**主用途**：寺院、ホテル、物販店舗 ■**地域・地区**：商業地域、防火地域、駐車場整備地区 ■**建蔽率**：92.77%（許容100%）■**容積率**：996.23%（許容1000%）■**前面道路**：西43.64m、南6.00m ■**駐車台数**：1台 ■**敷地面積**：893.61m² ■**建築面積**：828.99m² ■**延べ面積**：9530.50m²（うち容積率不算入部分628.03m²）■**構造**：鉄骨造、一部鉄骨鉄筋コンクリート造 ■**階数**：地下1階・地上15階 ■**耐火性能**：1時間耐火建築物 ■**各階面積**：地下1階360.39m²、地上1階・庫裡1階783.07m²、2階・庫裡2階410.30m²、3階・庫裡3階496.62m²、庫裡4階145.20m²、4階・庫裡5階669.05m²、5～14階616.64m²、15階444.89m² ■**基礎・杭**：場所打ちコンクリート杭 ■**高さ**：最高高さ59.95m、軒高58.50m、階高3.40m（基準階）、天井高2.70m（ホテル客室）■**主なスパン**：6.4m×7.7m ■**発注者**：東京建物 ■**設計・監理・施工者**：大成建設 ■**施工協力者**：日比谷総合設備（空調・衛生）、東光電気工事（電気）■**設計期間**：2019年9月～20年12月 ■**施工期間**：2021年1月～23年9月 ■**開業日**：2023年11月26日

本堂を3回曳き家して新築基礎を建設

大成建設は本堂の下にレールを敷いて曳き家工事を実施し、位置や向きを変えた。
曳き家後に既存基礎を解体して新築基礎をつくり、また曳き家することを繰り返した。

曳き家工事は2020年9月から21年7月にかけて、合計3回実施した。それに先立ち、既存の庫裡を解体。1回目の曳き家で本堂を北から南に移動し、敷地北側の既存基礎を解体した。そして新築の基礎と地下空間を建設している。

2回目は反対に南から北に動かし、連続する3回目で西の御堂筋側に移設した。この後、敷地南側で残り半分の新築基礎工事を実施した。

曳き家工事は手順を間違えると命取りになる。

本堂の下にH形鋼と台座を入れ、約20カ所をジャッキアップしながら台座を足して持ち上げる。

その後、本堂の下に枕木やレール、コロなどを順番に配置して準備完了。曳き家装置（水平ジャッキ）で本堂を動かす。

本堂内は事前に空っぽにするが、屋根や天井の花卉図、彫刻を施した柱・梁はそのままなので非常に神経を使った。

本堂下にレールや水平ジャッキ挿入
築200年以上の木造本堂を既存の基礎から切り離して持ち上げる。本堂の下にレールを敷き、水平ジャッキで押して曳き家した（写真：大成建設）

1933年に増築した鉄筋コンクリート造の庫裡は老朽化が進んでいたため解体した。江戸時代に建立された本堂は壊さず、合計3回の曳き家で位置を変更。曳き家のたびに、空いた敷地に新築の基礎や地下空間を建設していった
（出所：大成建設の資料や写真を基に日経クロステックが作成）

本堂を3回の曳き家で御堂筋側に移設

1. 着工前（本堂を残し、庫裡は解体）
2. 曳き家1回目（北→南）
3. 敷地北側の基礎工事（本堂基礎を解体し、新築基礎に）

4. 曳き家2回目（南→北）
5. 曳き家3回目（東→西、御堂筋側）
6. 敷地南側の基礎工事（新築基礎）

23年 ≫ 茨木市文化・子育て複合施設 おにクル（茨木市）

「立体公園」型で大胆に複合
全階貫く「縦の道」で自由に使える市民の場をつなぐ

開館後すぐに使いこなせるような状況にしておかなければ、単なる「ハコモノ」を抱え込みかねない。そんな問題意識を持つ市長が主導し、行政は公募型プロポーザル前から一般市民との対話を推進。設計側は市民が育てる施設のモデルを目指し、公園化された建築を提案した。

北西側全景。茨木の民話に登場する鬼にちなんだ施設名称は、一般公募と市民投票で決まった。鬼もやって来るような魅力があるという意味が込められている
(写真：特記以外は生田将人)

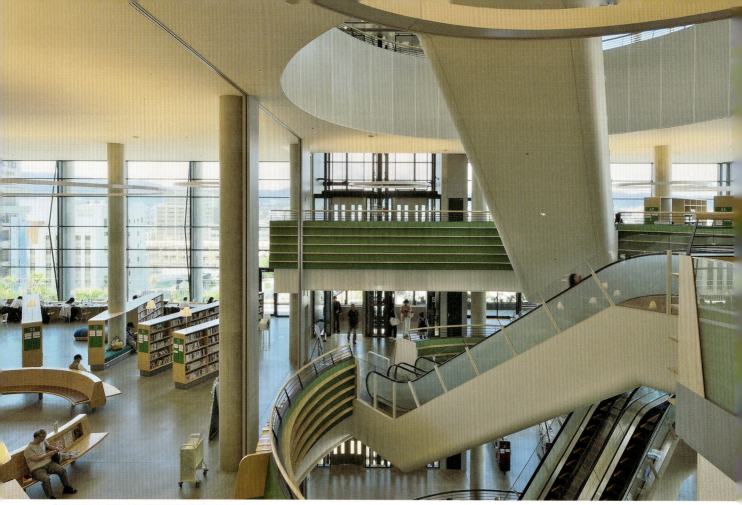

「縦の道」などで上下階に連続感を生み出す
メインライブラリーのある5〜6階の「縦の道」部分。避難安全検証法を用いて竪穴区画の免除を受け、エレベーターシャフトまわりにも上下階の連続感を生み出した

全フロアを貫く円形の吹き抜け「縦の道」
3点とも「縦の道」。当初提案では白色の抽象的なボイドだったが、「街のようにできないか」という市長の問い掛けに応じ、各層に変化を付けた。換気窓の下には、厚さ0.8mmのアルミパネルによる漏斗を逆さまにした形状のオブジェを設置した

力強さのある造作家具を全館各所に配置
5〜6階のメインライブラリー。全館各所の造作家具の設計は藤森泰司アトリエが担当。公園に見立てた空間にふさわしい、力強さのあるデザインを追求した

　2023年11月に開館した複合施設「茨木市文化・子育て複合施設 おにクル」の来館者数が24年6月初旬に100万人を突破した。大阪府茨木市の中心部に立つおにクルは、地上7階建て。延べ面積が約1万9700m²の施設は、旧市民会館跡地エリアの整備事業の一環として建設された。

　設計を伊東豊雄建築設計事務所・竹中工務店JV（共同企業体）、施工を竹中工務店が担当した。

　茨木市は、旧市民会館の建て替えと同時に、街づくりや公共施設マネジメントの観点から近隣施設の諸機能の移転なども推進。大ホールや多目的ホールの他、蔵書数約10万冊の図書館、子育て世代包括支援センター、市民活動センター、プラネタリウムなどの複合化を決めた。

　そうした施設プログラムに対応し、おにクルの運営は、ホールをはじめとする貸し室のサービスや清掃などを担う全館の指定管理者、屋内こども広場、市民活動センターの各指定管理者、さらに市が直営する図書館機能や子育て支援機能などの各担当部署が共同で担う格好になる。

　各者が管理するオープンなスペースの間には物理的に明確な境界がない。そのため人流や音などが干渉する中で協力し合う運営が求められる。

共創の起こりやすさを主眼に

　設計・施工一括発注方式の公募型プロポーザルで20年1月に選ばれたのが、直径12mの円形吹き抜け「縦の道」が全フロアを貫く提案をした同JVだった。その周りにオープンスペースが巻き付き、「立体的な公園」を形づくる。

　市の基本構想にある「育てる広場」という考え方に対し、伊東豊雄建築設計事務所が示したのは「日々何かが起こり、誰かと出会う」というコンセプトだった。

　「建築的ではなく、事象を表現する言葉なのが意外だった。ベクトルを合わせる重要なディレクションだったと感じている」。JVを組んだ竹中工務店大阪本店設計部設計第3部長の國本暁彦氏は語る。

183

自由に過ごせる場所を積層させた「立体公園」

2F 子育てフリースペース（左上写真）や子育て世代包括支援センター、図書館機能の一部である「えほんひろば」（右上）などを集約。テラスには茨木市在住の画家、井上直久氏がデザインを監修した「おはなしのいえ」（右）をトラスウオール工法で設置した

1F 屋内エントランス広場は、多目的ホール（上写真の右手）や、屋外の大屋根広場（左写真の右手）との一体的利用が可能。各階に床面からの輻射（ふくしゃ）冷暖房を採用した

3F 縦の道のベンチ。座面からの手すり高さを1100mmに設定。上部を吹き抜けの外側に傾斜させた他、子どもが握りにくい太さの手すりにして安全性を確保（写真：日経クロステック）

敷地の性格上、象徴性の表現も重要なテーマだった。外観の意匠以上に、「複合的な施設プログラムとそこで展開される活動に目を向け、その活動自体を市のシンボルとして表現したかった」。伊東豊雄建築設計事務所代表の伊東豊雄氏は明かす。

「子育て支援の機能と鑑賞の余韻に浸りたい利用客のいる劇場を同居させる与条件には驚いた」と、伊東氏は振り返る。「大ホールをどこに置くのか判断が難しかった。しかし、プログラムを単純に積み上げ、お互いの関係が切れてしまっては仕方がない。各機能に一体感を持たせるところが勝負だと考えた」

図書館が分館なので、書架や閲覧場所の分散は許容されていた。そこで読書に限らず自由に過ごせるオープンスペースや屋外テラスを至るところに配置し、内外の連続感の創出を推し進めた。

市は、新たな施設を活用するためには「運営が課題になる」と、当初から認識していた。そのため、同じエリア内に小規模な広場を設け、これを活用する社会実験をプロポーザルの前から実施した。

跡地活用の検討開始時から担当する茨木市市民文化部共創推進課長の向田明弘氏はこう説明する。

「使い方を考えるワークショップなどを計108回開催した。さらに小広場のプロトタイプを使ってルールの調整などを体験し、市民自身が育てるというコンセプトを浸透させた」

街なかとの連携が次の課題

各種ワークショップや小広場における社会実験は、市民と行政職員の双方が意識を高め、運営を練習する場となった。

5～6F
2層吹き抜けのメインライブラリー。市民参加のワークショップの際に、階段で本を読みたい、書棚の中に座って読みたいなどの声があったため、設計に反映した

4F
大ホールのホワイエ。無料と有料のゾーン分けに物理的な区切りを設けず、カーテンで運用。普段は開放する。ホールまわりの壁面は、伊東豊雄建築設計事務所にとって過去に採用例がほとんどないタイル張り
（写真：下は日経クロステック）

7F
7階で構造が鉄骨造に切り替わる。全館の指定管理者が運営するプラネタリウムがある他、別の管理者が運営する市民活動センターの一部がオープンな格好で共存する

今回、それらワークショップの企画・運営に携わったstudio-Lの太田未来氏は、「建設と並行して手間をかけ、みんなが楽しんできた結果、当たり前のように施設が使われる光景がすぐに生まれた」と語る。

「多くの市民に来館してもらう流れはできた。次の課題は、ウオーカブルな街づくりを進め、中心市街地における人の回遊を促すことだ」と、向田氏は説明する。

おにクルで獲得した経験を各者がいかに街なかに応用していくか。新たなステップが注目される。

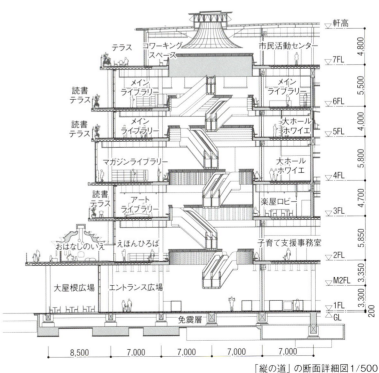

「縦の道」の断面詳細図1/500

>> 大阪マルビル建て替えプロジェクト（仮称）

192mタワーは円筒形を継承 「回る電光掲示板」も復活

大阪・梅田のランドマークとして親しまれてきた超高層ビル「大阪マルビル」の建て替えが始まる。事業者の大和ハウス工業は2024年11月19日に記者発表会を開き、建物の内外観イメージを公開した。開業は30年を予定している。

旧マルビルが竣工したのは1976年。高さは124mで、円筒形の外観が最大の特徴だった。竣工から50年近くが過ぎた2022年5月、大和ハウス工業と大阪マルビルは建物や設備の老朽化を理由に建て替えを発表した。

デザインコンセプトは「都市再生のシンボルツリー」。建物全体を1つの大きな木に見立てる。円筒形のデザインを引き継ぎつつ、高さは約192mと旧マルビルより70m近く高くする。緑化する低層部の上に、ガラスカーテンウォールに包まれた3つの円筒を階段状に積み重ねたような形になる。地上には木陰を連想させる半屋外のピロティを設ける。

「あの場所に『マル』がないと梅田が収まらない」。大和ハウス工業の芳井敬一社長は円筒形を引き継ぐ意図をこう説明する。さらに旧マルビルの象徴だった最頂部の電光掲示板も継承。「回る電光掲示板」の愛称で親しまれ、天気予報や時刻、気温などの情報を梅田の街に発信していた。

新マルビルは地下4階・地上40階建て。敷地面積は約3246m²、延べ面積は約7万4000m²。設計は日建設計・フジタ設計JV（共同企業体）、施工はフジタが手掛ける。旧マルビルを設計・施工したのもフジタ（旧フジタ工業）であり、現在は大和ハウスグループの一員だ。

新マルビルは多機能な施設で、低層部にコンサートホール・舞台や商業施設などが入る。ピロティと連続する形で、球体のデジタルアトリウムも設置。地下2階から地上4階まで貫通する空間で、LEDディスプレーに映像を360度投映できるようにする。高層部には2つのホテルを誘致し、ホテルの上にはミュージアムや展望スペースを設ける。

旧マルビルの地上部の解体は、24年9月に完工した。跡地は一時的に2025年日本国際博覧会協会に貸し出す。大阪・関西万博の会場になる夢洲と梅田を結ぶシャトルバスのターミナル拠点として利用する。

新しい「大阪マルビル」の完成イメージ
（出所：全て大和ハウス工業）

解体前の大阪マルビル（左）と、建て替え後の新マルビルの比較

新マルビルに設置する電光掲示板のイメージ

第 4 章

京都

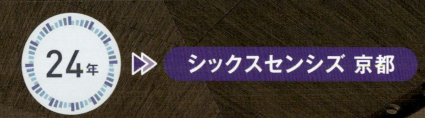

24年　シックスセンシズ 京都

段違いの庭が連続するホテル
高低差6mの奥深い敷地を強みに

京都・東山の麓にまた1つ、日本初上陸となる外資系ラグジュアリーホテルが誕生した。約100mある細長い斜面地を逆手に取り、様々な位置や高さに庭を設けて緑をつなげた。

第4章 京都

ホテル利用者が最初に立ち寄る1階ロビー。大開口を全開にすると、池がある前庭と一体化する。天井は折り本をイメージした凹凸がある仕上げで、丸柱との取り合いは複雑だ。左手のフロントには、京都の焼き物「楽焼（らくやき）」で制作したタイル屏風を設置。内装はシンガポールのBLINK Design Groupがデザインアーキテクトを務めた（写真：特記以外は生田将人）

景観に配慮した寺院のような門構え
東大路通に面するホテル正面の外観（上）。格子状のルーバーや寺院のような重厚な門構えで、神社仏閣が多い周辺の景観に配慮した。鉄骨造ながら木仕上げにした門は、寺社建築の専門集団が施工（左）。軒裏には扇状に取り付けた太い垂木が延びる。ルーバーの奥には客室バルコニーの緑が見える（写真：左は日経クロステック）

京都国立博物館の北隣で、西隣は豊臣秀吉を祭る豊国神社。前面道路の東大路通を挟んで向かい側には、天台宗の妙法院。京都観光のハイライトの1つである三十三間堂は徒歩5分ほど。JR京都駅も約2kmと近い。

絶好のロケーションにあるホテル「シックスセンシズ 京都」は、外資系の進出ラッシュが続く京都で2024年4月23日にオープンした。東山エリアには清水寺などの名所が集中している。それだけに競合する高級ホテルも数多くある。

約4800m²の敷地に高さ制限いっぱいのホテルを建てた。地下2階・地上4階建てで延べ面積は約1万1100m²あるが、客室数は81室に絞った。宿泊料金は42m²の客室で1泊15万円からと高めの設定だ。

開発したのは東山閣。ホテル運営はウェルス・マネジメントグループ傘下のワールド・ブランズ・コレクション ホテルズ＆リゾーツが手掛ける。シックスセンシズ ホテルズ リゾーツ スパは、英IHGホテルズ＆リゾーツの高級ブランドで、日本初進出の場所に京都を選んだ。

京都の中心部にこれだけ広い敷地を確保するのは至難の業だ。ここには以前、大型の「ホテル東山閣」が立っていた。それを事業者が高級ホテルに建て替えると決め、シックスセンシズを誘致した。構造は鉄筋コンクリート造、一部鉄骨造。設計・施工は清水建設が手掛けた。

自然素材や日本工芸が山盛り

シックスセンシズの特徴は、昨今のブームであるウエルネスやサステナビリティーにいち早く着目し、環境配慮のホテルづくりを他に先んじて展開してきたことだ。京都でもホテルの理念を継承し、かつ日本や京都の文化や素材を館内に数多く取り入れている。

仕上げには木材を多用し、廊下などの壁は左官仕上げが目に付く。建具や家具も木製が多い。

第4章 京都

敷地の中央部に配置した細長い中庭
敷地の外周いっぱいにロの字(囲い形)の平面をした建物を建てた。中央部は細長い庭とし、よく見ると庭が階段状に分散配置されていることが分かる。囲い形の弱点である閉塞感を打破するよう、プレイスメディアが奥行きを感じさせるランドスケープを設計し、庭の施工は地元の山田造園が手掛けた

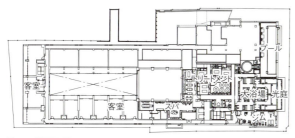

1階平面図 1/1,500　0　20m

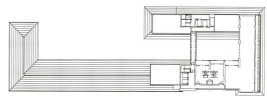

4階平面図

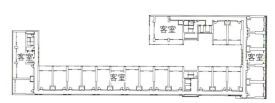

地下1階平面図

3階平面図

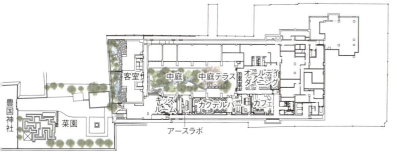

地下2階平面図

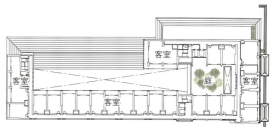

2階平面図

高低差を生かしたランドスケープ
(出所:清水建設の資料に日経クロステックが加筆)

長手方向断面図1/300

敷地内に大小様々な庭が点在する。地下2階に設けた広い中庭やダイニングに面する中庭テラス以外にも、ホテルの裏手にある菜園から庭付きの客室までバラエティー豊かな緑がある。敷地中央に延びる長い緑の帯は、地下の中庭や建物の屋上に設けた庭など異なる位置や高さにある多様な草木の集合体だ
(写真:スイートルームは日経クロステック)

てにある。地下1階にはスパや大浴場もあり、地下2階にはダイニングやカフェ、バーなどの飲食施設をまとめて配置した。どこからでも庭の緑を楽しめる。

6層の建物のあちこちに庭があるため、館内を歩いていると不思議な気分になる。「自分は今、何階にいて、どの庭を見ているのか」が分からなくなってくるのだ。

ホテルに到着して最初に1階のロビーに入ると、正面に石を敷き詰めた前庭が見えてくる。その奥には樹木の緑がさらに続く。ロビーから前庭の眺めを楽しんだ後、客室や館内施設に向かうと、地下や地上のどの

もう1つ、このホテルを語る上で欠かせないのが大小様々な庭である。随所に中庭や坪庭、光庭を配置。その多くは苔むした空間になっている。木や石といった天然素材をふんだんに使っており、緑や木々、石を眺められる客室が多い。

客室のバルコニーにも植栽を取り入れた。ホテルが開業した初夏は、つつじの花が満開だった。

客室は地下2階から地上4階の全

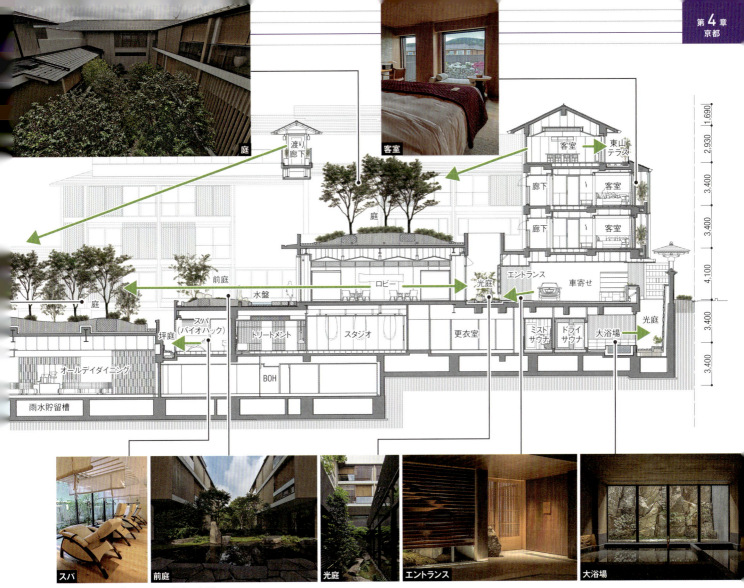

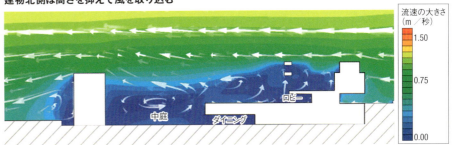

建物北側は高さを抑えて風を取り込む

スパに面する坪庭やロビーの前庭、大浴場から見える光庭、同じくロビーとエントランスをつなぐ光庭など至る所に庭を差し込んだ。客室バルコニーも植栽が豊富だ
(写真:スパと客室は日経クロステック、エントランスと大浴場は清水建設)

東山エリアは地名の通り、市の東側に山が連なり麓に向かって風が吹く。ホテルの北西側は階数を抑えて上空に抜けをつくり、東からの風をホテル中央の中庭に取り込む。風は中庭に滞留せず、吹き抜けていくことをシミュレーションで確認(出所:清水建設)

フロアにもまた庭が現れる。

地下1階からは坪庭が見え、地下2階のダイニングは広い中庭テラスと一体になっている。「1階のロビーで見た前庭と、どのようにつながっているのか」と疑問が湧く。

実はこのホテルでは10カ所以上の庭を重ねるように立体配置している。そのため、眺めるフロアや方向によって、複数の庭が混在して見える。

一見するだけではほとんど分からないが、ロビーの前庭の奥に見えた緑の多くは、下階の屋上に植えた木や地下から伸びる背の高い木だったりする。奥行きを感じさせるユニークで開放的なランドスケープ設計に気付くと、館内巡りが一層楽しくなる。

狭く長い敷地が生んだ積層庭

敷地は東西に長く、高低差が約6mある傾斜地だ。しかも敷地の3方

193

日本の組子デザインを客室に採用
組子細工や回転扉のようなデザインを取り入れた客室の間仕切り壁。寝室と奥の水まわりを緩やかにつなぐ（写真：上段は全て日経クロステック）

薬箱で天井を曲面仕上げ
古風な薬局をイメージした天井仕上げが印象的なバー。薬箱の連なりで曲面をつくり、地下の「隠れ家バー」に怪しげな雰囲気を漂わせている

スパ施設にも薬箱の装飾
広いスパ施設の一角にも薬箱から着想を得た壁の空間がある。同じモチーフが館内のあちこちに繰り返し使われているのも内装デザインの特徴

壁は日本の左官仕上げを多用
ホテルの随所に左官仕上げの壁がある。写真は地下の廊下で、白い壁は左官のくし引き仕上げ。絵巻「鳥獣人物戯画」をアレンジした装飾がある

向に博物館と神社、昔ながらの住宅群が迫る。

東大路通に面するホテル正面の東側からは想像できないが、奥行き（長手）が約100mある京町家のような細長い敷地にホテルは立つ。

このような奥深い敷地に一定の客室数を確保するには、ロの字（囲い形）の平面にすることが多い。そしてロの字の中央に中庭を設けるのが京都の定番だ。

シックスセンシズ 京都もロの字を基本とする配棟でホテルを建てた。

ロの字は閉鎖的な空間になりがちだが、「敷地の高低差をポジティブに捉え、庭配置の妙で奥行きや遠景の空間体験を生み出した」（清水建設設計本部商業・宿泊施設設計部の吉田進一グループ長）。

さらに地上2〜4階はロの字にせず、コの字状にしてボリュームを抑え空間に抜けを設けた。

ホテルの北側半分は地上1階までしか建物をつくらず、客室から京都の街や山並みが見えるようにした。最大の広さがある238m²の「ペント

地下ダイニングは中庭と連続して開放的
地下2階のダイニング。開口部を全開にすれば、中庭テラスとつながる

敷地中央に仮設桟橋を設けて西側から施工
敷地の東側（写真上部の短辺）にしか道路がないため、中庭になる部分に仮設桟橋を設けて車両を走らせた。敷地の西側から工事を始め、夏場には中庭に植樹をし、桟橋を縮めながら最後に東側を施工した。東側の柱は工程の最後に立て、資材の搬入を邪魔しない特殊な計画とした（写真：下も清水建設）

シックスセンシズ 京都

■**所在地**：京都市東山区妙法院前側町431 ■**主用途**：ホテル ■**地域・地区**：第2種住居地域、旧市街地美観地区、15m第2種高度地区 ■**建蔽率**：69.99％（許容70％）■**容積率**：225.66％（許容225.85％）■**前面道路**：東14.80m ■**駐車台数**：5台 ■**敷地面積**：4745.38㎡ ■**建築面積**：3321.21㎡ ■**延べ面積**：1万1804.44㎡（うち容積率不算入部分1096.21㎡）■**構造**：鉄筋コンクリート造、一部鉄骨造 ■**階数**：地下2階・地上4階 ■**耐火性能**：耐火建築物 ■**各階面積**：地下2階2380.53㎡、地下1階2691.38㎡、地上1階2820.27㎡、2階1684.17㎡、3階1684.17㎡、4階543.92㎡ ■**基礎・杭**：直接基礎 ■**高さ**：最高高さ16.66m、軒高14.98m、階高（基準階）3.40m、天井高2.70m ■**主なスパン**：6.00m×7.65m ■**発注者**：東山閣（AMリシェス・マネジメント）■**設計・監理者**：清水建設 ■**設計協力者**：日本設計（プロジェクトマネージャー）、BLINK Design Group（インテリアデザイン）、フィールドフォー・デザインオフィス（ローカルデザイン）、プレイスメディア（ランドスケープデザイン）、ライティング プランナーズ アソシエーツ（照明デザイン）■**施工者**：清水建設 ■**施工協力者**：J.フロント建装（客室・ロビー特殊内装）、三越伊勢丹プロパティ・デザイン（料飲・ウエルネス特殊内装）、山田造園（外構）、鳥羽瀬社寺建築（門）、新日本空調（空調・衛生）、きんでん（電気）■**運営者**：ワールド・ブランズ・コレクションホテルズ＆リゾーツ、IHG Japan Management ■**設計期間**：2020年8月〜21年9月 ■**施工期間**：2021年9月〜23年12月 ■**開業日**：2024年4月23日

10m超えの高木を敷地西側から植える
客室同士の見合いを防ぐため、高さ12mほどのアカマツを全国から探して中庭に植えた。背が高いアカマツの搬入は一苦労だ。植樹も敷地の西側から順に進めた

ハウス・スイート」は1泊200万円前後と高額だが、ペントハウスがある4階は客室数を3つに絞り、床面積を1階の5分の1以下に抑えた。

建物のボリュームを減らす代わりに客室からの視界を広げる。ゆとりある配置で快適さとプライバシーの確保を両立させた。ホテル上部に抜けを設けたことで、風が中庭に滞留しないことも検証済みだ。

ロの字の平面は客室同士の見合いが起こりやすい。特に中庭に面する客室は向かい側がかなり近い。

そこで中庭には「高さが約12mあるアカマツの木を植えることで目隠しにした」（吉田グループ長）。バルコニーから枝に手が届きそうだ。

京町家には昔から視線制御の工夫が幾つもある。それらを応用し、客室の中庭側には縁側に相当する中間領域のバルコニーを設けた。その上で向かい合う客室同士でバルコニーの縦格子とのれんの位置を互い違いにし、見合いを極力減らした。

 ▶ デュシタニ京都

西本願寺のそばにタイの新顔
小学校跡地で高級ホテルを開発

京都市は外資系の高級ホテルを積極的に誘致している。2023年9月1日、タイ発祥ブランドのホテル「デュシタニ京都」が開業した。東南アジアでは広く知られたラグジュアリーホテルの京都進出に、日本の設計者はどう対応したか。

デュシタニ京都は、JR京都駅から徒歩圏の好立地にある。世界遺産に登録された西本願寺のそばだ。外観は京町家の雰囲気が漂い、砂壁と木格子が印象的。格子は階ごとに断面サイズやピッチを変え、アクセントを付けた。瓦の庇も延びる。ホテル開発の事業者である安田不動産は、「京都の街並みに最大限配慮した」（同社開発事業本部開発第二部第一課の伊藤秀副長）と説明する。

外観からはタイ系のホテルとは思えない。敷地は市の美観地区、眺望景観保全地域に位置し、建物の高さ

第4章 京都

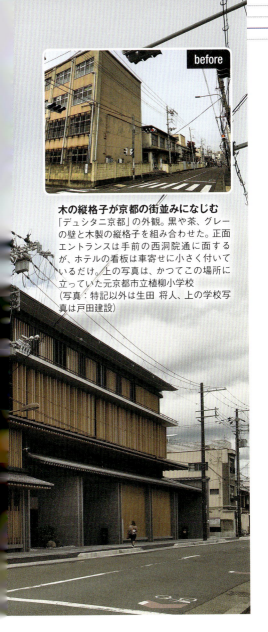

木の縦格子が京都の街並みになじむ
「デュシタニ京都」の外観。黒や茶、グレーの壁と木製の縦格子を組み合わせた。正面エントランスは手前の西洞院通に面するが、ホテルの看板は車寄せに小さく付いているだけ。上の写真は、かつてこの場所に立っていた元京都市立植柳小学校
（写真：特記以外は生田 将人、上の学校写真は戸田建設）

ホテル中央に設けた自慢の広い中庭
地下1階に中庭を配置した。庭園を整備したのは地元の造園会社だ。四方を庇の垂木や瓦、木の縦格子、黒い砂壁、パンチングメタルで制作した日本の伝統文様パネルなど、和を感じさせる素材で囲んだ

は15mに制限される。

建物は地下2階・地上4階建てで、延べ面積は約1万7400m²。高さは14.95mに収めた。このボリュームに40m²以上の客室147室や大きな中庭を設けた。高級感に広さや高さのゆとりは欠かせない。

建物の平面はロの字形で、地下1階に四季を感じさせる草木や苔を植えた中庭を配置した。中庭空間に多くの客室やレストラン、ラウンジが面する。地下1階のレストランは、中庭を通ってアクセスする動線とした。

小学校跡地に建設する条件

国内で増えているスモールラグジュアリーホテルは客室数を絞ってでも、居心地のいい共用部を充実させる傾向にある。もっとも、デュシタニ京都は駅近に約4700m²の敷地を持つ。京都中心部でこの広さを手に入れるのは至難の業である。実は

畳スペースがあるスイートルーム
スイートルームの1つ。床面から1段高い位置に日本らしい畳スペースを設けた。窓際には障子もある。地上1階にあるこの客室は窓から坪庭が見え、外部の視線は塀壁で遮断している

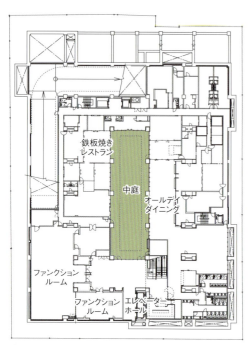

地下1階平面図

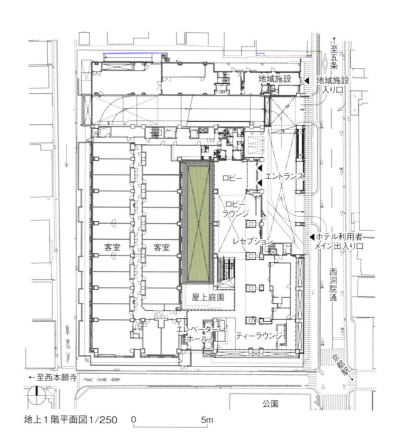

地上1階平面図 1/250　0　5m

小学校跡地に地域施設を再整備
ホテルの北側に新設した地域施設「植柳コミュニティセンター」（右手の低く黒い建物）。自治会館や消防分団詰め所の他、奥には体育館まである。植柳小学校の跡地活用事業では、地域施設を再整備することが条件だった

ここ、元京都市立植柳小学校の跡地なのだ。

ただし、跡地活用には条件があった。これまで小学校と共に運営されてきた地域施設を再整備することだ。デュシタニ京都はホテルの隣に、「植柳コミュニティセンター」を設けた。

近隣住民のプライバシーにも十分

屋根は高さを抑え、廊下は天井高に
景観保全で勾配屋根を採用する必要がある。15mの高さ制限の中、屋根は最小限に抑えようと勾配根をあえて4つ並べて設け、それぞれを平らに近い金属板でふいた（左）。逆に館内はデュシット・インターナショナルからの要請で、ホテルでは軽視されがちな廊下の天井を高くし、天井面はフラットに仕上げて高級感を演出した（中央）。廊下上部の小梁をなくすため、ビームレス躯体を採用（右）
（写真：3点とも戸田建設）

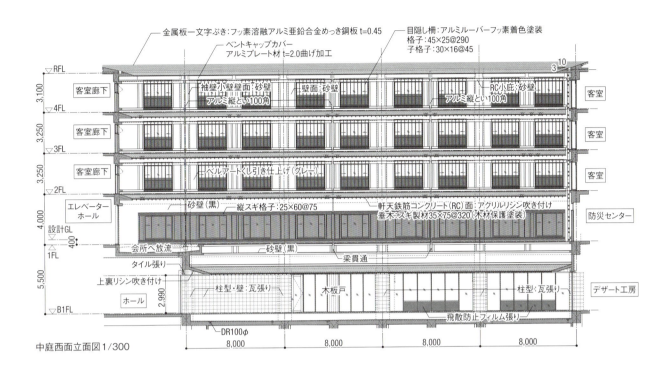

中庭西面立面図1/300

配慮しなければならない。敷地周辺は道幅が狭く、周囲の建物とホテルの距離が近い。特に、民家に近接するホテルの裏側には、約3mの塀壁を立てて目隠しとした。

意匠設計を担当した戸田建設建築設計統轄部支店プロジェクト設計部大阪設計室の荻田真士主管は、「視線を遮るデザインを優先しており、外装格子のピッチは当初の計画より密にした」と明かす。安田不動産の伊藤副長も「地域住民との話し合いに多くの時間を割いた」と話す。

高さを制御する工夫も見られる。「勾配屋根を4つ並べて架け、1つずつの高さを抑えた」（荻田主管）。代わりに館内の高さを充実。廊下の鉄筋コンクリート梁をなくし、天井は高くフラットにしている。

内装デザインは日本とタイの2つの古都から着想
吹き抜けのロビーラウンジ。内装はタイのデザイン会社が手掛けた。日本の京都とタイのアユタヤという2つの古都の建築様式を融合することを目指した。家具はオリエンタルなデザインが多い。右側の窓から地下の中庭が見え、和を感じる

デュシタニ京都

■**所在地**：京都市下京区西洞院通花屋町下る西洞院町466番 ■**主用途**：ホテル、地域施設 ■**地域・地区**：都市計画区域内市街化区域、近隣商業地域、準防火地域、美観地区 ■**建蔽率**：80.86％（許容100％） ■**容積率**：299.10％（許容300％） ■**前面道路**：東9.76m、南4.58m、西6.40m ■**駐車台数**：38台 ■**敷地面積**：4696.04m² ■**建築面積**：3797.34m² ■**延べ面積**：1万7359.24m²（うち容積率不算入部分3313.59m²） ■**構造**：鉄筋コンクリート造、鉄骨造、一部鉄骨鉄筋コンクリート造 ■**階数**：地下2階・地上4階 ■**耐火性能**：1時間耐火建築物 ■**各階面積**：地下1階2839.86m²、地下2階3208.67m²、地上1階3208.95m²、2階2899.50m²、3階2601.13m²、4階2601.13m² ■**基礎・杭**：直接基礎 ■**高さ**：最高高さ14.95m、軒高13.32m、階高3.25m、天井高2.30m ■**主なスパン**：8.00m×9.55m ■**発注者**：安田不動産 ■**設計・施工者**：戸田建設 ■**監理者**：戸田建設、I・O・C ■**設計協力者**：MID（ホテル関連工事コーディネーター）、PIA Interior（インテリアデザイン、ホテル共用部・客室）、デザインポスト（同、鉄板焼きレストラン・茶室）、ヌーサデザイン（照明デザイン）、NRTシステム（厨房コンサルティング）、プランニング・インターナショナル（宴会AVコンサルティング）、きんでん（ITコンサルティング） ■**施工協力者**：日比谷総合設備（空調・衛生）、きんでん（電気） ■**運営者**：D&J ■**設計期間**：2019年11月～21年4月 ■**施工期間**：2021年4月～23年5月 ■**開業日**：2023年9月1日 ■**客室数**：147室 ■**宿泊料金**：1泊3万円前後から

>> ヒルトン京都

24年 | 中心部のホテル跡地で300室超え 京都で勢力を急拡大するヒルトン

　京都市の中心部に位置する河原町に、新しい外資系ホテルが誕生した。東京建物は2024年9月12日に「ヒルトン京都」を開業。米ヒルトンのホテルブランド「ヒルトン・ホテルズ&リゾーツ」としては京都初進出となる。

　ヒルトン京都は敷地面積が約3520m²、延べ面積が約2万5000m²。施設の老朽化に伴い、18年1月31日で営業を終了した「京都ロイヤルホテル&スパ（KYOTO Royal Hotel & SPA）」の跡地に立つ。京都の中心部でまとまった土地を取得するのは難しい。

　階数は地下2階・地上9階建て。構造は鉄筋コンクリート造、一部鉄骨鉄筋コンクリート造。設計・施工は竹中工務店、内装デザインは橋本夕紀夫デザインスタジオがそれぞれ手掛けた。

　ヒルトン京都は約40m²のスタンダードルームを中心に、客室数を313室設ける。京都に進出している外資系の高級ホテルとしては、かなり大規模である。

　河原町は交通の便がよく、周辺には店舗や飲食店も数多く軒を連ねる。「国内外のヒルトン会員から観光客、ビジネスパーソンまで幅広い層をターゲットにしている」。東京建物コーポレートコミュニケーション部広報室の担当者は、そう語る。

テーマは「ORIMONO（織物）」

　京都の魅力と宿泊者を結び付け、新たな発見や出会いを提供したいとの思いを込めて、ホテルのコンセプトは「京都SYNAPSE（シナプス）」とした。ホテルの外観はモダンに見えるが、建物や空間の設計やデザインは「ORIMONO（織物）」をテーマにし、京都らしさを表現したという。

2024年9月に開業した「ヒルトン京都」の外観（写真：東京建物）

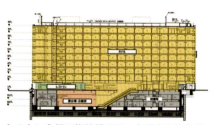

ヒルトン京都の施設構成図。会議室や宴会場は地下に配置した（出所：東京建物）

1階のロビーカフェ&バーや9階のエグゼクティブラウンジの内装などには、ORIMONOをイメージした和のテイストがはっきりと表れている。例えば、ロビーカフェ&バーは5層吹き抜けの大空間に、組みひもを編んだようなデザインを施した。

24年3月には国土交通省が、ヒルトン京都を開発する「京都三条河原町プロジェクト(仮称)」を「優良な民間誘導施設等整備事業計画」に認定した。認定されたプロジェクト事業者は、民間都市開発推進機構による金融支援を受けられる。

国内外のビジネス客などが快適に滞在できる宿泊施設や会議室を整備することで、ビジネス環境の向上に貢献する。

植栽などを用意することで、良好な都市景観の形成にも貢献する。東京建物は具体的な取り組みとして、「周辺の街並みと調和するよう、エントランス周辺に緑地を整備するなど景観を工夫した」と説明する。

東京建物は24年8月に、大阪市でホテル「フォーシーズンズホテル大阪」を開業したばかりだ。同市では「カンデオホテルズ大阪心斎橋」の開業でも協業した。東京建物は「様々なタイプのホテルを多様なパートナーと開発していく」(東京建物広報室の担当者)と話す。

ヒルトンもまた多くの日本企業と組む。京都だけでも複数のホテルブランドを急展開している。

ヒルトン京都のホテルロビー(写真:下の2点もヒルトン)

客室「キング京都スイート」の内観

客室「キングデラックスルーム」の内観

1階にあるロビーカフェ&バー。「ORIMONO(織物)」をテーマにしたデザインを採用(写真:東京建物)

>> 帝国ホテル 京都

26年 | 帝国ホテルが悲願の祇園進出 新素研の榊田倫之氏が内装デザイン

　帝国ホテルは、京都・祇園に立つ「弥栄会館」の一部を保存しながら建設する「帝国ホテル 京都」の開業を2026年春に予定している。22年12月には、ホテルの内装デザインを新素材研究所（以下、新素研）に依頼した。

　帝国ホテルブランドのホテルは、東京と上高地、大阪に次いで4件目。1996年の帝国ホテル大阪のオープン以来、実に30年ぶりとなる。内装デザインの担当を決めるに当たり、帝国ホテルは国内外のインテリアデザイナーや建築家に声を掛け、コンペを実施。最終的に6社に絞った中から、新素研を選出した。

　新素研は「古いものが、新しい」というコンセプトを掲げ、日本古来の自然素材や工法をインテリアデザインに生かすことを得意とする。素材や工法に時間の経過を感じさせ、新旧の調和を生み出す。そうした提案が歴史ある祇園エリアの持続的な発展に貢献すると、帝国ホテルは判断した。

　新素研の榊田倫之氏がホテルを手掛けるのは初めて。「最初のホテルプロジェクトが帝国ホテルになったことに自分でも驚いている」と話す。

　なお、2008年に榊田氏と共同で新素研を設立した、現代美術作家の杉

新素研が提案した、ホテルの正面玄関部分の完成イメージ（出所：New Material Research Laboratory）

帝国ホテルの定保英弥社長（左）と、京都に開業するホテルの内装デザインを手掛ける新素材研究所の榊田倫之氏（写真：右も日経クロステック）

会見で、新素研の榊田氏を選んだ理由を説明する定保社長（左）

「帝国ホテル 京都」の外観イメージ。右側は歌舞練場の玄関部分
（出所：以下、帝国ホテル）

祇園甲部歌舞練場敷地の建物配置図。弥栄会館の敷地に「本棟」、弥栄会館北側の土地に「北棟」を建設する

本博司氏は今回、所員の1人としてプロジェクトに参加するという。現代アートや写真だけでなく、古美術や茶道にも精通する杉本氏は京都に頻繁に通っており、土地勘や人脈がある。京都の帝国ホテルには、杉本氏のアイデアも盛り込まれるかもしれない。

帝国ホテルは21年5月に、京都市東山区の祇園甲部歌舞練場敷地内に立つ弥栄会館の一部を保存したホテルの建設計画を発表した。祇園甲部の芸舞妓学校「祇園女子技芸学校」を運営し、祇園町南側の土地や歌舞練場などの不動産を所有する学校法人八坂女紅場学園から保存部分の譲渡を受け、土地の賃借を開始。22年にホテルの建設工事に着手した。

ホテルプロジェクトの名称は「弥栄会館計画（仮称）」で、敷地面積は約3600m²、延べ面積は約1万m²。地下2階・地上7階建てで、高さは31.5m。構造は鉄骨鉄筋コンクリート（SRC）造、RC造、S造。設計・施工は大林組が手掛ける。

客室数は55室で、2～3件のレストランやバーをそなえる。レストランの1つは帝国ホテル自慢のフレン

「本棟」北面の外観イメージ

本棟北側に増築する「北棟」の外観イメージ

チにする予定で、「ルーフトップバーもつくりたい」（定保社長）。客室内やレストラン、共用部などの内装デザインを新素研が手掛ける。総事業費は約124億円を見込む。

登録有形文化財を帝国ホテルに

弥栄会館は2001年に国の登録有形文化財、11年に市の歴史的風致形成建造物に指定されている。既存の建物はSRC造で、地下1階・地上5階建ての劇場建築だ。設計は大林組の木村得三郎が手掛けた。

各階には銅板瓦ぶき屋根を架けた。塔屋状の正面中央部は、付庇や宝形造屋根が城郭の天守のようでもある。こうした特徴的な意匠は、できる限り保存または復元する。

ホテルは弥栄会館の一部を保存して改修する「本棟」と、新たに増築する「北棟」（いずれも仮称）で構成する。景観上、最も重要な建物南西面は、既存躯体の保存や外壁タイルの再利用などで建物の文化的価値を引き継ぐ。

>> 丸福樓

22年 任天堂の旧本社社屋をホテルに改修 約90年前の建築様式や内装を残す

　プラン・ドゥ・シー（Plan・Do・See）が運営する、任天堂の旧本社社屋を改修したホテル「丸福樓（まるふくろう）」が2022年4月に京都市下京区鍵屋町で開業した。丸福樓は、約90年前の昭和初期に建てられた旧本社社屋を活用した既存棟と新築棟から成る。建築家の安藤忠雄氏が設計監修を手掛けた。

　任天堂の前身である山内任天堂は1947年、花札やかるた、トランプを製造・販売する丸福を設立。その社名をホテルの名称に含めた。

　18室ある客室の広さは、33m^2〜79m^2。宿泊料金（税込み）は、朝・夕食と飲み物、軽食を含む1室2人の利用で、1泊10万円から。

　22年3月29〜30日に、報道陣向けの内覧会やオープニングセレモニーが開かれた。テープカットはホテルエントランス前で実施。まずはホテルに生まれ変わった旧本社社屋の外観を見ていこう。

　既存棟は外壁のタイルや緑の瓦屋根が特徴の建物だ。山内任天堂時代に花札などを製造・販売する場所だっただけでなく、創業家が暮らす邸宅だったところでもある。

　丸福樓には約90年前に完成した住居や倉庫の趣が随所に残っている。既存棟の床や階段、壁紙、ステンドグラス、暖炉、家具、照明、看板などから、任天堂を創業した山内家の細部への強いこだわりが見て取れる。

　事業者である山内家（山内万丈氏によるYamauchi-No.10 Family Office、山内克仁氏が代表を務める山内財団、資産管理会社である山内の総称とする）の要望で、「1930年に

任天堂の旧本社社屋を改修してオープンしたホテル「丸福樓」の外観
（写真：特記以外は日経クロステック）

グレーのガラス張りの建物が新築棟（左手）、タイル張りの建物が既存棟（右手）

第4章 京都

オープニングセレモニーであいさつする安藤忠雄氏（右から2番目）

安藤氏による外観スケッチ
（出所：プラン・ドゥ・シー）

丸福樓を南の前面道路から見た様子
（写真：山内家PR事務局）

北側から見た丸福樓。手前に見えるのがかつて倉庫だった建物で、既存棟の中で最初に完成した。風格のある建物だ

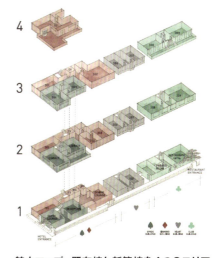
館内マップ。既存棟と新築棟を4つのエリアに分け、トランプのスペード、ダイヤ、ハート、クローバーで呼び分けている。スペードとダイヤが新築棟、ハートが邸宅だった既存棟、クローバーが倉庫だった既存棟
（出所：プラン・ドゥ・シー）

竣工した当時の建築様式や内装はできる限り残した」（山内万丈氏）。一方、新築棟は安藤建築の特徴であるコンクリートを使った、シンプルで居住性が高い空間にしている。全ての客室で調度品が異なる。

ホテルは3つの建物で構成する。2棟は地上3階建ての「既存棟」、残りの1棟が地上4階建ての「新築棟」（既存棟の一部を解体・修復したうえで増築した建物）である。敷地面積は802m²、延べ面積は1716.08m²（既存棟が1180.60m²、新築棟が535.48m²）。構造はいずれも鉄筋コンクリート造だ。

既存棟の改修および新築棟の設計は安藤忠雄建築研究所とノム建築設計室、施工は大林組がそれぞれ手掛けた。ホテルの運営はプラン・ドゥ・シーが行う。

設計監修した安藤氏は依頼を受けたとき、長年使われておらず老朽化が進んでいた建物を見て、「これは難しい」と思ったという。

だが「任天堂の社名は世界中の人たちが知っている。任天堂が創業の地である京都から、過去から未来へ新しい挑戦を続けていくのは素晴らしいことだ」と考え、引き受けた。

提示したプランは2つの既存棟と新築棟を並べてつなぎ、創業当時の記憶を色濃く残しながらも快適に過ごせる場を創出するものだ。新旧の

倉庫だった部屋を改修した客室。オレンジのソファは山内家が実際に使っていたもの

山内家の居室を改修した既存棟の客室。梁の装飾など非常に凝った内装

山内家の邸宅の和室と倉庫を改修して設けた洋室の間に、露天風呂を配置した客室。畳の下には床暖房を入れ、ホテルとしての居住性を高めている

オープニングセレモニーの日、安藤氏が新築棟の客室にサインをした。遊び心を忘れない

暖炉が印象的な既存棟の客室

ホテルエントランスから続く廊下は、ほぼ当時のまま

バルコニーから東山の景色を楽しめる

既存棟のバルコニーに残る「任天堂」の看板

既存棟のエレベーターを館内装飾に取り入れた。現在は利用できない。既存棟にはエレベーターがなく、階段での移動になるので予約時には注意が必要

任天堂の創業の理念を表現したというライブラリー「dNa」。天井に棚や照明が写り込み、無限の広がりを見せる。この部屋の内装デザインは、SUPPOSE DESIGN OFFICEが手掛けた

ライブラリーの隣に設けたバーカウンター

融合を掲げ、既存棟には手を加え過ぎないように意識した。

創業家の邸宅に招かれた雰囲気

丸福樓は既存棟と新築棟を合計4つのエリアに分け、トランプのスペード、ダイヤ、ハート、クローバーで呼び分けている。館内には4つのマークがさりげなく付いているので、探してみるのも面白い。

最初は代表的な客室から見ていく。既存棟と新築棟では、部屋の印象が全く異なる。山内万丈氏によれば、既存棟には「様々な幾何学模様が内外装のデザインに取り入れられている。先代の趣味が忍ばれる」。

共用部はほぼ当時のまま残した。そのため、館内の動線は必ずしも効率的にはなっていない。階段は狭く、少し急だ。「むしろ不便さを楽しんでほしい」（プラン・ドゥ・シー）とのことだ。

花札やトランプを額装して飾っているのも、このホテルらしい。

ホテルエントランスから最も遠い北側に、宿泊者用のレストラン「carta.（カルタ）」がある。

任天堂の理念を伝えるライブラリー

山内万丈氏は「旧本社社屋はこれまで非公開だった」と説明する。にもかかわらず、世界中の任天堂ファンが創業の地として訪れ、『愛のある落書き』を残していったシンボリックな場所だ。

「先代から託された理念や建物を次世代に継承していくのが、今の山内家にとって次の挑戦になると考えた。ここに来ると任天堂の足跡に思いをはせられる。そんな場所にしたかった」。山内万丈氏はそう語る。この先も使われないまま放置されていたら、廃墟になるところだった。

そんな山内万丈氏が企画したのが、

2階のライブラリーに続く階段。右の置き時計は、かつて従業員のタイムカード用に使われていたもの

ホテルエントランスの上階にあるライブラリー「dNa」だ。任天堂の歴史や原点に触れられる部屋である。

丸福樓がある鍵屋町の正面通はJR京都駅から車で約6分、京阪電鉄の七条駅から徒歩4分。観光に便利な場所だ。鴨川と高瀬川の間に位置し、周辺には古い街並みが残る。

207

>> バンヤンツリー・東山 京都

24年 隈研吾氏デザインの天然温泉付きホテル
東山山麓の竹林を再整備して能舞台設置

ウェルス・マネジメントグループがシンガポールのバンヤン・グループと組んで開発したホテル「バンヤンツリー・東山 京都」が2024年8月20日に開業した。場所は清水寺と高台寺のほぼ中間に位置する、東山の山麓だ。敷地内に天然温泉と能舞台を有する、市内のどこにもないホテルである。

清水寺と同様、ホテルにアクセスするには急な坂道を上る必要がある。その分、見晴らしは抜群だ。市街地を一望できるロケーションが自慢である。そして背後には霊山エリアの斜面林が広がる。

ここは19年まで「ホテルりょうぜん」があった場所だ。市内では珍しい天然温泉の源泉がある。ウェルス・マネジメントグループが敷地を取得し、バンヤン・グループの旗艦ホテルブランドであるバンヤンツリーを日本に初めて誘致した。

両社は日本の「旅館と温泉」という固有の文化を国際ブランドの高級ホテルに持ち込み、次代に継承していくことにした。日本の伝統的な建築様式や雰囲気を取り込んだホテルを開発するに当たり、両社はデザインアーキテクトに隈研吾建築都市設計事務所の隈研吾氏を起用した。

開業日の式典であいさつした隈氏は、「豊かな森がある東山の敷地の屋外に、屋根も壁もない能舞台を設置した。山や空と一体化した建築物をホテルの象徴に据えた」と説明する。

「バンヤンツリー・東山 京都」を上空から見た様子。背後に深い森が広がる（写真：バンヤン・グループ）

ホテル正門。急な坂道を上った立地（写真：特記以外は日経クロステック）

木ルーバー状の柱や垂木で能舞台を覆い、背後の竹林や頭上の空が抜けて見えるようにした。隈氏の独創的な能舞台である。

この地は霊山の名の通り、古来、自然と街、あの世とこの世の境界に

第4章 京都

ホテルの位置図。清水寺と高台寺の中間、京都市東山区の高台にある。以前「ホテルりょうぜん」があった場所だ（出所：ウェルス・マネジメント、ワールド・ブランズ・コレクション ホテルズ＆リゾーツ）

車寄せから見たホテル

シンボルとなる正面玄関から延びる大庇

当たる場所とされてきた。「能の物語には幽霊が登場することが多く、この場所にふさわしい」と隈氏は話す。霊山エリアには、今も神社仏閣やお墓が密集している。

敷地面積は約5850m²、延べ面積は約7100m²。階数は地下1階・地上4階建てで、客室数は52室。宿泊料金は、広さが48m²の客室で1泊約20万円から。インバウンド（訪日外国人）の富裕層を意識した高額なホテル価格だ。

設計は東洋設計事務所と入江三宅設計事務所、施工は清水建設が手掛けた。インテリアデザインはDWP International、客室デザインは橋本夕紀夫デザインスタジオ、ランドスケープデザインはプレイスメディアがそれぞれ手掛けた。プロジェクトマネジメントは山下PMCだ。ホテルの運営はウェルス・マネジメントグループの子会社ワールド・ブランズ・コレクション ホテルズ＆リゾーツが担当する。

規制だらけの敷地で開発に7年費やす

ホテルの構造は鉄筋コンクリート造だが、旅館の雰囲気を再現するため至る所に木材を使う。木の香りがするホテルに仕上げた。例えば、建物の軒先にはルーバー状のヒノキ材

荒れ果てた竹林を再整備し、すぐ手前に市内のホテルでは唯一の能舞台（Noh Stage）を設置した。建物には屋根や壁がなく、背後の竹林や空と一体になるように設計

能舞台が水盤の上に立つのは珍しい。山中の水面に能舞台が浮いているような幻想的な雰囲気を醸し出している。写真左手は能舞台の一部である「橋掛かり」

オープニング式典では、能舞台で雅楽が披露された。背後に竹林が見える

能舞台を間近に望む客室も用意した

建築デザインを監修した建築家の隈研吾氏

京都の街を一望できる客室。京都駅前に立つニデック京都タワーも見える。窓際の広縁には掘りごたつ式のテーブルと座椅子があり、旅館のような間取りになっている

ベッドの脇にヒバ材の浴槽を配置した。名栗（なぐり）加工した壁や金ばく、畳など、高級旅館の要素をふんだんに取り入れている

京都では珍しい天然温泉の大浴場「ONSEN」。露天風呂もある（写真：バンヤン・グループ）

を何本も使っている。もともと敷地内にあった樹木や石垣は、できるだけ残している。

客室には靴を脱いで入る。寝室や窓際に障子がある広縁（ひろえん）の床には畳を敷いており、イ草の香りが漂う。広縁には掘りごたつ式のテーブルと座椅子が置かれ、まさに旅館のようだ。

一方で、客室のほぼ中央にヒバ材のバスタブを設置した。通常の和室にはないモダンなデザインだ。畳の上には布団を敷いて寝るのではなく、ベッドに横になる。大きめのソファもある。これらはホテル仕様だ。まさに旅館とホテルの融合と言える。

天然温泉の露天風呂を備えた男女別の大浴場があるのも、市内のホテルにはない強みである。一部の客室やバンヤンツリーの代名詞とも言えるスパにも温泉を引き込んだ。

バンヤン・グループとウェルス・マネジメントグループはこだわりが強い和風モダンなホテルを7年がかりで完成させた。この敷地は大手デベロッパーでも手に負えず、取得を諦めたといわれるほど市の規制が厳しい地域である。隈氏も「かなり頭を悩まされた」と明かす。

市の美観地区、風致地区であり、建物の高さはわずか10mに制限されている。2階は1階よりもセットバック（外壁後退）させて、建物の圧迫感を減らす必要もある。

高低差がある敷地に建物を3つに分棟して建て、何とか高さ制限をクリアするなど苦労の連続だった。前面道路の急な坂は道幅が狭く、工事車両の出入りだけでも大変だ。

隈氏は「逆転の発想で開発を乗り越えた」と打ち明ける。東山の高台に立つホテルは通常、街を眺められる方向を生かすように計画される。だがこの敷地は高さ10mの建物しか建てられない。

眺めが優先で山に背を向けるホテルが圧倒的に多い中、「このホテルは山の森を取り込むプランを提案した」（隈氏）。背後の竹林に目を向けるために用意したのが、日本が世界に誇る能楽の舞台というわけだ。

霊山に広がる斜面林という独特な景観が、他のホテルにはない体験を生み出した。このホテルの高層部からも市街地はよく見えるが、清水寺まで散歩をすれば、それこそダイナミックな街の景観を「清水の舞台」から堪能できる。坂道は多いが、徒歩圏内に京都観光のハイライトが集まる絶好のロケーションと言える。

京都に新しいエンタメ施設

24年 ニンテンドーミュージアム（宇治市）

任天堂とチームラボの動向に注目

任天堂は2024年10月2日、京都府宇治市に「ニンテンドーミュージアム」をオープンした。1969年に建設された同社の玩具生産拠点「宇治工場（88年に宇治小倉工場に改称）」をリノベーションした。改修のデザイン・設計、施工は乃村工芸社。

ニンテンドーミュージアムは、任天堂の歴史やものづくりへのこだわりを伝える施設である。入館チケットは事前予約制で、抽選販売される。料金（税込み）は大人3300円。

ミュージアムは3つの展示棟で構成。第1展示棟には任天堂が販売してきた製品を展示する。花札からゲーム機「Nintendo Switch」まで、歴代の製品がそろう。巨大なコントローラーを2人で協力して操作するゲームなどを体験できる。

第2展示棟にはミュージアムショップ「ボーナスステージ」などを設けた。任天堂のゲームの世界観やキャラクターをテーマにしたオフィシャルグッズだけでなく、ミュージアム限定商品も販売する。第3展示棟にはカフェ「はてなバーガー」が出店。27万通り以上の組み合わせが可能なハンバーガーなどを食べられる。

チームラボ進出は25年度中か

一方、チームラボを代表とする事業者グループ「京都駅東南部エリアプロジェクト有限責任事業組合」は21年に、京都市と「京都駅東南部エリアにおける市有地の活用に係る基本協定」を締結した。市の南区にアートミュージアムや市民ギャラリー、カフェ、アートセンターなどから成る複合文化施設を建設する計画だ。

観光客が集まる京都の駅近くに「チームラボミュージアム京都（仮称）」ができれば、来街者が少なかった南区の起爆剤になる。事業組合には京阪が地盤の有力なパートナー企業が名を連ねる。25年度にも開業を見込んでいる。

任天堂の文化施設「ニンテンドーミュージアム」の中庭。大きな土管やハテナブロックなど、ゲームの世界を再現（写真：任天堂）

ニンテンドーミュージアムは、任天堂の元工場をリノベーションしたもの（写真：任天堂）

「チームラボミュージアム京都（仮称）」の完成イメージ。大成建設が建物を設計・施工（出所：チームラボ）

20年 ▶▶ **京都市美術館**(通称:京都市京セラ美術館)

保存と活用の難題を両立
可逆性のある改修と大胆な改修をミックス

新型コロナウイルス禍の影響でオープンが延びていた京都市美術館が2020年5月26日に開館した。設計者は、「歴史的な建物の保存」と「現代の美術館としての活用」という矛盾する難題に挑んだ。

北西側からの全景。建物前の広場は、以前は平たんだった。建物正面の地下にメインエントランスを増築するのに伴い、スロープ状にランドスケープを変えた。地面を押し下げたような部分にはガラスをはめ、「ガラス・リボン」と呼ぶ新たな空間をつくった。リボンが膨らむ中央部がメインエントランスだ。敷地の右手に見えるのは平安神宮の大鳥居と神宮道
(写真:特記以外は生田将人)

第4章 京都

　京都の文化・交流ゾーン、岡崎地区に立つ「京都市美術館」。帝冠様式の本館は前田健二郎（1892〜1975年）の設計で1933年に建てられた。創建当初の姿のまま現存し、公立美術館の建物としては国内最古だ。

　約3年に及ぶ大規模改修工事を経て、見慣れた建物の正面ファサードの地下に新たな風景が生まれた。人々は緩やかなスロープ状の広場を下りて、ガラスで覆われたメインエントランスに入っていく。

　改修の基本設計は、15年の公募型プロポーザルで選ばれた青木淳・西澤徹夫設計共同体が手掛けた。西澤徹夫氏（西澤徹夫建築事務所）は青木淳建築計画事務所（現AS）の出身。青木淳氏が師弟で共同設計するのは初めてだ。

古い収蔵棟を新館に建て替え

　メインエントランスを以前の正面玄関の真下に設けたのは、この美術館を強く印象付けてきた正面ファサードの意匠をそのまま保存するためだ。建物前の広場を地下1階までスロープ状に掘り下げてアプローチをつくり、バックヤードとして使われていた地下の旧下足室を転用してエントランスロビーも設けた。

　チケット売り場のあるロビーを抜けて大階段を上がると、中央ホールに出る。既存本館は左右対称の平面

第4章 京都

建物の新旧の顔が上下に
既存本館は鉄骨鉄筋コンクリート造の2階建て。帝冠様式は、洋風建築の上に和風の屋根を載せたデザインのこと。旧玄関庇の下の柱は新設

中央ホールに東西動線と縦動線を挿入
ホールの天井高は16m。バルコニーなどの挿入部分はエキスパンションジョイントで躯体とは構造上、縁を切っている。これは別棟としてつくらなければならなかったからで、可逆性が目的ではない。らせん階段の曲線は、本館の完成当時に流行していたアールデコ様式の雰囲気を意識したもの

215

で、2層吹き抜けの中央ホールは、その中心に位置する。以前は大陳列室と呼ばれた空間で、作品展示やミュージアムショップなど多目的に使われていた。

青木・西澤の両氏は中央ホールを各エリアに接続するハブとして機能させるために大階段を新設。地下のメインエントランスとつないだ。また、2階の東西動線となるバルコニーのほか、縦動線となるらせん階段とエレベーターを設けた。

中央ホールの東側には東エントランスを設けており、現代美術のための新展示室を含む新館「東山キューブ」との接続エリアにもなる。

新館は古い収蔵棟を解体して建てた。収蔵棟は京都大学名誉教授の川崎清氏（1932〜2018年）の設計で1971年に竣工。今回のプロポーザル時は収蔵棟を残す前提で、求められた収蔵スペースの拡充と展示室の新設は地下で解決する提案だった。

しかし、そのためにはかなり深く地下を掘らなければならないことが基本設計中に判明した。敷地は地下水位が高く、深く掘ると躯体が浮いてしまいコストが合わない。また、収蔵棟も老朽化していた。

そこで、環境負荷が少ないように

東側にも新しい動線と機能を付加
東エントランスの内観。旧玄関部との段差解消のために床の高さを300mm上げた。既存の玄関扉の下を切断することがないように、取り外し式の上げ床とした

新しい機能を加えた東側の顔
日本庭園から見た東エントランス。東玄関は管理上、以前は閉鎖されていた。ガラス張りのロビーを増築する形で屋内化し、常時開放できるようにした

旧収蔵棟の考え方を引き継ぐ屋上テラス
新館の屋上テラス。専用の外部階段もある。日本庭園は近代京都を代表する作庭家・七代目小川治兵衛が関わったとされる。柵などはなく、24時間出入りできる。敷地の東側には京都市動物園がある

同じ位置に新館を建て直した。旧収蔵棟の考え方を引き継いで屋上にテラスを設け、既存の日本庭園や東山の眺めを楽しめるようにした。新展示室は天井システムに多くの工夫を盛り込んでいる。

建物からはみ出たものを整理

　西側のメインエントランスから東側の日本庭園まで、一直線に軸を通

ガラス屋根を架けて中庭を屋内化
左は北側の中庭。右上は南側で、コンクリート平板を敷き詰めて屋外彫刻を展示できるようにした。右下は以前の中庭の様子。空調機械は新館地下の機械室に移動した（右下の写真：AS）

すというアイデアは、プロポーザル時から変わらない。「東西の軸を通すと、敷地内はもとより、岡崎地区全体の回遊性が高まる」と西澤氏。

今回の改修は歴史的建造物の保存・活用が大きなテーマで、「可逆性」への配慮が必要だった。可逆性とは、当初の部材を残したまま新規要素を加え、将来、オリジナルの復元や再改修が可能であることを指す。

可逆性への配慮は、東西のエントランスをはじめ、北側の中庭にも見られる。屋内化するためにガラス屋根を架けており、屋根とバルコニーの増築部分は、既存躯体から独立した構造にしている。

南北にある中庭は以前、空調機で埋め尽くされていた。本館にはもともと陳列室（展示室）しかなかったが、時代とともに収蔵室や機械室、ロビーなどが必要になり、建物に収まらなくなっていた。そのように「はみ出た」ものを整理し、「血の巡りが悪くなっていた部分を取り除くことが改修の目的だった」と青木氏は話す。

本館には陳列室が計4つある。南回廊2階の陳列室はオリジナルの雰囲気を伝えるために既存の高窓をそのまま残した。

青木氏は2019年4月、同館館長に就任した。「建物と同じように、中身も変えるべきところと変えなくていいところがある。ハードとソフトがうまくかみ合って循環するように努めたい。設計者や出展者とはまた違う立場で、美術のための空間を考えていきたい」と抱負を語る。

高窓を残した本館の陳列室
本館の陳列室は各1000m²弱。南回廊2階の陳列室は自然光が入る。北回廊2階の陳列室は恒温恒湿環境を確保するため天井を張った。高窓部分で耐震補強を行った

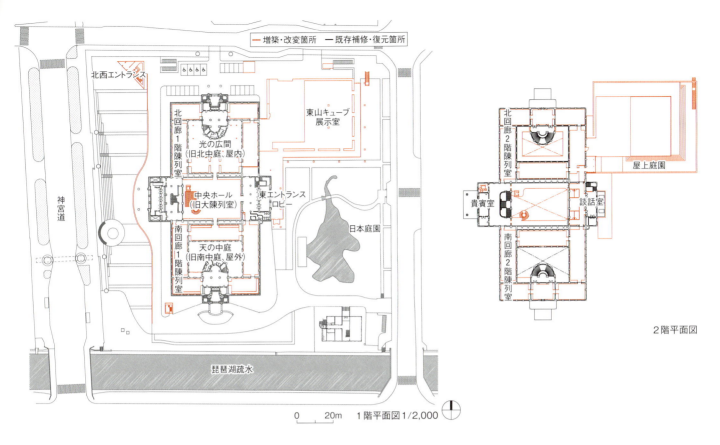

2階平面図

1階平面図 1/2,000

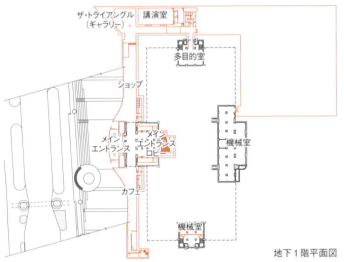

地下1階平面図

京都市美術館（通称：京都市京セラ美術館）

■**所在地**：京都市左京区岡崎円勝寺町124 ■**主用途**：美術館 ■**地域・地区**：第2種住居地域、市街化区域、法22条区域、岡崎文化・交流地区地区計画E地区、岡崎文化芸術・交流拠点地区、風致地区第5種地区、岡崎公園地区特別修景地域E地区、既成都市地域、屋外広告物禁止区域、近景デザイン保全区域、遠景デザイン保全区域、15m第2種高度地区 ■**建蔽率**：33.42%（許容70%）■**容積率**：75.99%（許容200%）■**前面道路**：東16.28m、西36.38m、北14.38m ■**駐車台数**：21台 ■**敷地面積**：2万5383.71m² ■**建築面積**：8205.67m²（再整備工事対象外として別途276.74m²）■**延べ面積**：1万8737.92m²（再整備工事対象外として別途757.25m²。うち容積率不算入部分207.35m²）■**構造**：既存建物／鉄筋コンクリート造、一部鉄骨鉄筋コンクリート造・鉄骨造 増築建物／鉄骨造、一部鉄筋コンクリート造 ■**階数**：地下1階・地上2階 ■**各階面積**：地下1階6472.25m²、1階7487.91m²、2階4777.76m² ■**耐火性能**：耐火建築物 ■**基礎・杭**：既存建物／直接基礎（独立基礎）増築建物／直接基礎（べた基礎）、一部地盤改良 ■**高さ**：最高高さ22.23m、軒高17.62m、階高3.5m（地下1階～1階）・5.5m（1～2階）・本館7.1m・新館4.23m（2階）、天井高3.15m（地下1階本館ロビー）・2.98m（同ギャラリー）・16.2m（1階中央ホール）・3.725m（本館1階展示室）・5.0m（新館展示室）・9.2m（本館2階展示室）■**発注者**：京都市 ■**設計者**：青木淳・西澤徹夫設計共同体（基本設計）、松村組（実施設計）■**設計協力者**：基本設計／金箱構造設計事務所（構造）、森村設計（設備） 備品サイン設計など／セミトランスペアレント・デザイン（サイン）、安東陽子デザイン（カーテン）、永田音響設計（音響） 実施設計／昭和設計（建築）、コンステック（構造）、ブロス（構造）、東洋熱工業（機械）、中電工（電気）、時雨ランドスケープ（ランドスケープ）、AZU設計工房（照明）■**監理者**：昭和設計 ■**施工者**：松村組 ■**施工協力者**：東洋熱工業（機械）、中電工（電気）■**運営者**：京都市美術館 ■**総事業費**：約111億円 ■**設計期間**：2015年8月～16年3月 ■**施工期間**：2017年3月～19年10月 ■**開館日**：2020年5月26日

市民や来館者の憩いの広場
広場を南側から見る。市民の憩いの場だった既存のケヤキはそのまま残し、周りに円形のベンチスペースを設けた

広場に面してにぎわいを生む
メインエントランス北側のミュージアムショップ。北西エントランスからチケット売り場に行くには、この通路部分を通る

第 5 章

兵庫

24年 ▷ 神戸須磨シーワールド・須磨海浜公園（神戸市）

神戸須磨の水族館と公園刷新
旧施設建て替えやホテル新設をPark-PFIで推進

景勝地として歴史のある神戸須磨の砂浜沿いに、年間集客200万人を目指す水族館が誕生した。1957年に開園し、「スマスイ」として親しまれてきた須磨海浜水族園の2度目の建て替えとなる。都市公園と一体で民間運営に切り替わり、市の観光拠点の役割も担う。

第5章 兵庫

2500人収容の「オルカスタディアム」。動物治療をしやすくする昇降床を備えたメディカルプールなども設置した。独自性を売り物に、集客数の多い沖縄美ら海水族館（沖縄県本部町）、海遊館（大阪市）に続くポジションを狙っている（写真：特記以外は生田将人）

神戸須磨シーワールド・須磨海浜公園

2階デッキから観覧席にアプローチ
レシプロカル（相持ち）架構のパーゴラがあるオルカスタディアム前。この棟では1階に加え、2階のデッキ部も避難階になっている

シャチを眺めながら食事ができる
オルカスタディアムのプールは1階ビュッフェレストランの水槽を兼ねる。幅21m、高さ2.7mのアクリル越しにシャチの全身を観覧できる

築30年強となり、老朽化が進んでいた須磨海浜水族園。神戸市はPark-PFI（公募設置管理制度）を導入し、その建て替えを含む公園再整備の事業者を2019年3月に募った。水族館などの運営と共に指定管理者として海浜公園の運営も担うことを条件とする大型案件だった。

事業区域は約14万m²ある海浜公園のうちの約10万4000m²。一般的には、新設の建物とその周囲の整備のみを対象とする事例が多い。だが今回は海浜公園の7割以上を対象としたのが特徴だ。

「一体感のある整備が可能で、運営の相互連携も図りやすくなる」。神戸市建設局公園部整備課の榎本剛浩係長は、そう説明する。

市は応募2者から、サンケイビルを代表とする神戸須磨 Parks + Resorts 共同事業体を選んだ。事業コンセプトは、地域コミュニティーと観光客の交流などを図る「『つながる』海浜リゾートパーク」だ。

西日本で唯一、シャチ（オルカ）のパフォーマンスを楽しめる点などを強く打ち出す提案だった。

シャチ、イルカのパフォーマンスを見せる2つのスタジアムを擁し、魚類や海獣類を展示する水族館の「神戸須磨シーワールド」が中心的な施設になる。

水族館を挟み、東側にホテルと駐車場、西側に3棟5店のにぎわい施設や広場を分散配置した。

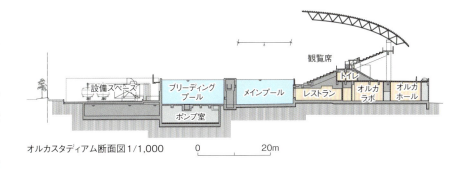

オルカスタディアム断面図 1/1,000　　0　　20m

竹中工務店が水族館、浅井謙建築研究所が他の施設の設計をそれぞれ担当。施設は順次完成し、神戸須磨シーワールドと同ホテルが24年6月に開業した。

「公園とつながる」建築に

全体コンセプトの「つながる」は水族館の計画に反映されている。公園との一体感を重視し、ブリッジを使うなどして3つの棟の配置を工夫。一帯の景観との調和や、国道側と砂浜側の連絡の良さに配慮した。

また、「まちとつながる」デザインを目指し、国道側では屋根形状で躍動感を表現した。「目を引き付け、新名所となるように心掛けた」と、水族館の設計を担当した竹中工務店大阪本店設計部設計第2部門グループ長の堀江渉氏は語る。

工事の際には水族館の閉鎖期間を1年以内とし、公園を全面利用できない期間はつくらないことが求められた。既存建物の解体や、各施設の建

事業者の声

渡邊薫子氏 サンケイビル 事業本部 神戸パークPFI推進室
世界のトップ10の立ち位置を目指す

サンケイビル傘下のグランビスタ ホテル＆リゾートは、1970年開業の鴨川シーワールド（千葉県鴨川市）を運営してきた実績を持つ。シャチ、イルカといった鯨類の飼育を得意とし、須磨海浜水族園を建て替えるという報道を見て、ぜひ取り組みたいと考えたのが再整備の事業者として応募するきっかけだった。

神戸須磨シーワールドには、旧水族園の魚類を引き継いだ展示と共に、須磨海岸を眼下にパフォーマンスを楽しめる施設配置で独自の魅力を持たせた。水族館として国内3位の集客規模、世界のトップ10に入る立ち位置を目指す。

須磨海浜公園エリア全体として、年間を通じたにぎわいを創出。神戸市の観光拠点として貢献できる施設に成長させていきたい。　　　　　　　　（談）

イルカのパフォーマンスプールもある
1600人収容の「ドルフィンスタディアム」。総水量約2350トンで、イルカを観覧できる大水槽があるドルフィンホールを1階に設けた

設をうまくスライドさせて進める必要がある。分棟計画は、その制約を基に割り出している。

神戸須磨シーワールドホテル（建築・内装）などの設計を担当した浅井謙建築研究所大阪第5設計部長の亀岡史郎氏は、次のように振り返る。

「水族館を含む複数の建物が並び、それぞれ園地が絡む。すり合わせが必要な時に、どの組織の担当者がイニシアチブを執るかなどは作業を進めながら決めていった。施工者が複数で関係者は多く、大変だった」

水族館には「未来とつながる」というテーマも設定。環境性能の向上に努めた。

大きな特徴は、地球の環境配慮や観覧者・従業員の居住性だけでなく、飼育・展示する約560種・1万9000点の生物のQOL（生活の質）向上や種の保存が施設の使命として課せられている点だ。

生き物の「生活の質」を向上

「シャチのプールは水温が15度程度、イルカのプールは25度程度など適温が異なる。熱を融通する熱源水ネットワークを組み、全体で効率的な熱利用を図りながら水を循環させている」（竹中工務店の堀江氏）

また、ゼロ・エネルギーの考え方にならい、「ゼロ・ウォーター・アクアリウム」と名付けて水使用量を大幅に削減した。

公園自体は元から、市民の日常使いの場所だ。その役割は維持する。

同時に、「宿泊客の少なさが課題の市としては、西部の観光拠点に育つことを望んでいる」。神戸市経済観光局観光企画課の中川和樹係長は、集客力の向上に大きな期待を寄せる。

旧海浜公園は年間約235万人を集めた。「新たな公園では年間390万人の来園を目標とし、地域経済への波及効果（生産誘発額）は約323億円に及ぶと試算している」。サンケイビル事業本部神戸パークPFI推進室の渡邊薫子氏は語る。

226

国道と砂浜の間を回遊しやすくした
有料ゾーンのドルフィンスタディアムとアクアライブ（展示棟）は幅約6m、長さ約30mの片持ちのブリッジで接続。砂浜に向かう南北動線（無料ゾーン）を立体交差させた

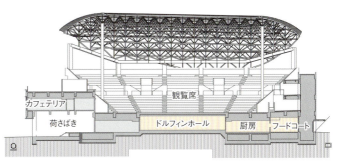

ドルフィンスタディアム断面図1/800

海浜の松林の景観を生かす
国道沿いの外観。古くから歌によまれた松林を残し、新植や移植も行って景観を整えている。事業区域内のクロマツの伐採は3割までという条件があった

魚類、海獣類の展示を別棟に集約
魚類やペンギン、アシカやアザラシなどの海獣類を展示するアクアライブをドルフィンスタディアム側から見る。水族の棲む自然環境を再現する「生態展示」を旨とし、最大12mスパンの大空間も持つ。アクアライブの外周通路からは松林を鑑賞できる

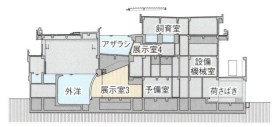

アクアライブ断面図 1/800

一方通行のスロープを伝って観覧
「水の一生」をテーマとするアクアライブの展示。スロープ通路を下りながら、地域の自然を再現したローカルライフ(左上)、熱帯の波打ち際を再現したトロピカルライフ(右上)などのコーナーを巡る。没入感のある水量670トンのメイン水槽(左下)を見た後、エスカレーターで屋上(右下)に移動

第5章 兵庫

イルカと泳げるプールも
地上8階建ての神戸須磨シーワールドホテルの南側外観(右)。全80室がオーシャンビュー。国内ホテルでは初めてイルカと一緒に泳げる「ドルフィンラグーン」を備える。右下は北側全景(写真:右はナカサアンドパートナーズ)

にぎわい施設を松林になじませる
ホテルと共に浅井謙建築研究所が担当した「松の杜ヴィレッジ」のエリア。松林になじむスケールの収益施設や芝生広場を配置した

棟の間を縫って歩ける構成に(点線内:再整備事業区域)

全体配置図 1/5,000 歴史的経緯から公園と砂浜の間は区分されていたが、今回再整備で一部つながりを強めた。多様な施設があるため、サンケイビルを代表とする事業体は、1990年開業の海遊館の事業に携わった竹中工務店や、傘下に阪神園芸を持つ阪神電鉄を含む7社で応募した(出所:E-DESIGN)

229

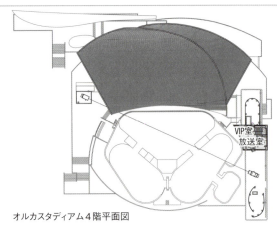
オルカスタディアム4階平面図

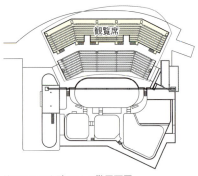
ドルフィンスタディアム4階平面図

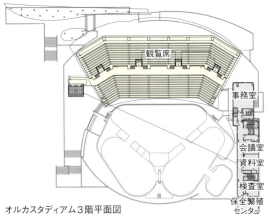
オルカスタディアム3階平面図

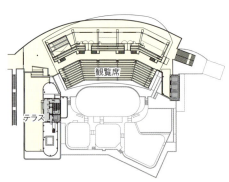
ドルフィンスタディアム3階平面図

オルカスタディアム2階平面図

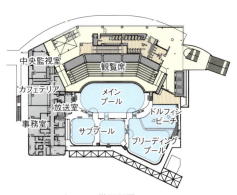
ドルフィンスタディアム2階平面図

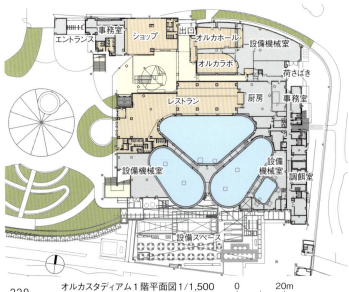
オルカスタディアム1階平面図 1/1,500　　0　20m

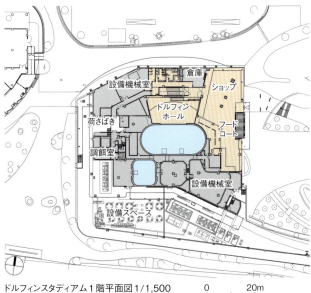
ドルフィンスタディアム1階平面図 1/1,500　　0　20m

国道側に新たな景観
北側の国道越しに見下ろす。左手前がオルカスタディアム、右奥がドルフィンスタディアム。旧水族園は三角屋根の建物だった

スタジアム間に屋外広場
有料スペース（水族館内）のシーワールドプラザ。周囲の着工後、23年5月まで使用を続けた旧水族園本館がここにあった。奥がドルフィンスタディアム

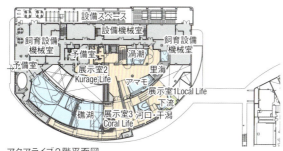

アクアライブ2階平面図

アクアライブ4階平面図

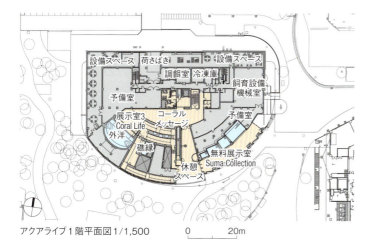

アクアライブ1階平面図 1/1,500　0　20m

アクアライブ3階平面図

神戸須磨シーワールド・須磨海浜公園

■**所在地**：神戸市須磨区若宮町1-1、須磨浦通1-1・2 ■**地域・地区**：第2種住居地域、近隣商業地域、防火地域、準防火地域、第5種高度地区、第6種高度地区、須磨風致地区（第2種）、須磨・舞子海岸都市景観形成地域 ■**前面道路**：北50m ■**敷地面積**：事業区域10万3558m²（現況公園区域14万4892m²）■**総建築面積**：2万1050m² ■**総延べ面積**：5万354m² ■**建蔽率**：14.53%（通常許容2%、特例有）■**容積率**：48.62%（許容227.99%）■**発注者**：神戸須磨Parks＋Resorts共同事業体（代表：サンケイビル）■**設計・施工統括者**：竹中工務店 ■**総事業費**：非公開

神戸須磨シーワールド

■**主用途**：水族館 ■**建蔽率**：28.41%（許容75.58%）■**容積率**：55.46%（許容227.88%）■**敷地面積**：4万1931.45m² ■**建築面積**：1万1912.88m² ■**延べ面積**：2万3674.35m²（うち容積率不算入部分417.24m²）■**構造**：鉄筋コンクリート造、鉄骨鉄筋コンクリート造、一部鉄骨造 ■**階数**：地上4階 ■**耐火性能**：耐火建築物 ■**基礎・杭**：直接基礎 ■**高さ**：最高高さ26.74m、軒高26.249m、階高：5.2m、4.0m他、天井高2.6m他 ■**主なスパン**：8.2m×9.75m他 ■**設計・監理者**：竹中工務店 ■**設計協力者**：トータルメディア開発研究所（展示）、スタイルマテック（照明）、6D（ロゴデザイン）■**施工者**：竹中工務店 ■**運営者**：グランビスタホテル&リゾート ■**設計期間**：2020年2月～21年10月 ■**施工期間**：2022年1月～24年5月 ■**開業日**：2024年6月1日

神戸須磨シーワールドホテル

■**主用途**：宿泊施設 ■**建蔽率**：24.11%（許容70.21%）■**容積率**：81.84%（許容202.16%）■**敷地面積**：9516.48m² ■**建築面積**：2293.74m² ■**延べ面積**：8107.51m²（うち容積率不算入部分319.53m²）■**構造**：鉄筋コンクリート造、一部鉄骨造 ■**階数**：地上8階 ■**耐火性能**：耐火建築物 ■**基礎・杭**：直接基礎 ■**高さ**：最高高さ29.68m、軒高28.71m ■**設計・監理者**：浅井謙建築研究所 ■**設計協力者**：ICE都市環境照明研究所（照明）、6D（サイン）、そら植物園（植栽）■**施工者**：鴻池組 ■**運営者**：グランビスタホテル&リゾート ■**客室数**：80室 ■**設計期間**：2020年6月～22年5月 ■**施工期間**：2022年6月～24年5月 ■**開業日**：2024年6月1日

22年 ▶▶ 禅坊 靖寧（淡路市）

緑に浮かぶ木造座禅道場
全長約100mの巨大建築、細部に坂茂氏の妙技

淡路島の山間地にオープンした、禅の体験ができる宿泊施設「禅坊 靖寧」。
「空中座禅道場」という風変わりな要望にいかに応えたのか。坂茂氏がこだわったディテールに迫る。

第5章 兵庫

2022年4月末にオープンした禅の体験ができる宿泊施設「禅坊 靖寧」。発注者のパソナグループは、オーシャンビューを楽しめるホテル「望楼青海波」や、アニメの世界を体感できるテーマパーク「ニジゲンノモリ」など、淡路島に宿泊施設や観光施設を次々展開している（写真：特記以外は生田将人）

233

　淡路島の山間地に立つ全長約100mの木の建築。力強い造形だが、周辺の木々よりも高いレベルにある2階の屋外デッキを歩いてみると、強かったはずの建築の存在感が消え、宙に浮いているような不思議な感覚を受ける。

　これは禅の体験ができる宿泊施設「禅坊 靖寧」だ。木と鉄骨のハイブリッド構造で、木材使用量は仕上げを含めて約420m³に上る。2022年4月末にオープンした。

　設計を手掛けたのは坂茂建築設計。同社代表取締役の坂茂氏は初めて敷地に案内されたとき、パソナグループの南部靖之代表から「『空中座禅道場』をつくってほしい」と言われた。

　この風変わりな要望に対して坂氏は、「空中で座禅を組むとはどういうことか、それを建築に落とし込むにはどうすればよいか自問した」と振り返る。出した答えは、「自然に囲まれて、中に入ると建物の存在を忘れてしまうような建築」(坂氏)だ。

1フロア全体をトラス梁にする

　周辺の広大な森林と利用者との距離を近づけるため、建物は7.2m幅で山間に向かって水平に延びる細長い形状とした。傾斜地から張り出した南側は21mのスパンを飛ばし、端部を12mのキャンチレバーにして、建物を山間の奥まで入り込ませた。張

第5章 兵庫

幅7.2mの屋外デッキを大屋根で覆う
建物の北側がエントランス。地上1階の東西面に入り口がある。写真中央の階段を使って、外から直接2階の屋外デッキにアクセスすることもできる

木造では異例の21mスパン
建物の南側約45mは傾斜地から張り出している。南端を12mのキャンチレバーとすることで、21mスパンを支える鉄骨格子フレーム柱脚にかかる応力を軽減する

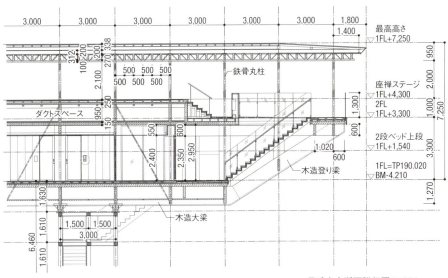

長手方向断面詳細図 1/200

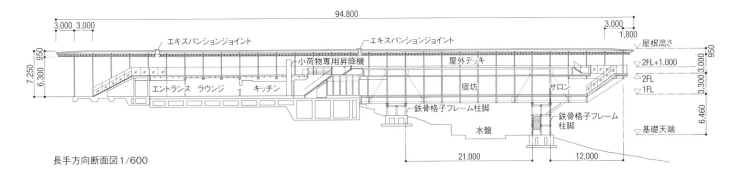

長手方向断面図 1/600

宿坊は18室ある
最大利用人数は宿泊プランで23人、日帰りプランで27人だ。窓に面して畳のベッドが置かれている。廊下の天井には直径3cmの紙管が5cmピッチで並ぶ

施設のオリジナル料理が味わえるラウンジ
テーブルに20席、カウンターに10席ある。砂糖や油、乳製品、小麦粉、動物性食品を一切使わない「禅坊料理」を提供する。写真奥にキッチンが見える

共用スペースとして使えるサロン
サロンなど地上1階の一部の部屋にはスチール製のブレースが現れている。本棚として活用している。写真左奥に見える階段を上ると屋外デッキに出る

り出し部分を支えるのは、2つの巨大な鉄骨格子フレーム柱脚だ。

1階部分に18室の宿坊やラウンジ、キッチン、サロンなど宿泊機能を集約した。2階は屋外デッキとし、利用者は傾斜地から張り出した南側で禅の体験をする。

木造では異例となる21mのスパンは、宿坊がある地上1階部分を丸ごとフィーレンディール（はしご状）トラスにすることで実現した。坂氏は建物の1フロア全体をトラス梁として扱って大きなスパンを飛ばすこの手法を、「ピクチャーウインドウの家」（02年竣工）で実践している。

浮遊感を生むディテール

坂氏は2階の屋外デッキでディテールまでこだわり、独特の浮遊感を生み出した。

工夫の1つは利用者が座禅を組ん

天井高を抑えて視線を水平に誘導する
禅の体験ができる屋外デッキの天井高は2.1m。床には2本のレールが隠れている。そこにアクリル製の引き戸を並べることで雨などをしのげる

だ際に、建物に視界を遮られることなく、無意識に辺り一面の木々を上空から見渡せるようにしたことだ。

　南北に延びる屋外デッキの中央部分は、東西の手すりからそれぞれ1.8mずつ離して、床レベルを1m上げた。そうすることで、座禅をしたときの視線より手すりを低くした。

　屋根を支える直径12cmの鉄骨丸柱は、2階の床を貫通させて1階の集成材柱の内部に落とし込み、支持力を高めた。これにより屋外デッキで視線を遮るブレースをなくした。

　「大梁がない屋根架構も重要なディテールだ。これは現地でも言われないと気が付かないのではないか」と坂氏は話す。

　屋根には3mピッチの鉄骨丸柱と直交するように、105mm×300mmの集

2階平面図

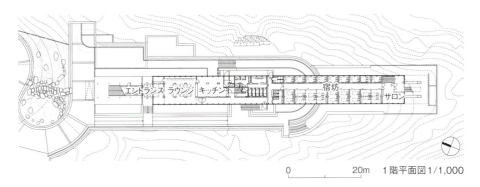

0　　　20m　1階平面図1/1,000

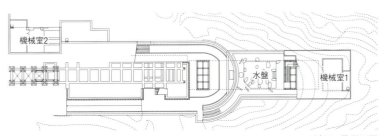

地下1階平面図

利用者は傾斜地から張り出した2階屋外デッキで禅の体験ができる
写真下に見える鉄骨格子フレーム柱脚の高さは約6.5m。建物の最高高さは約15.7m

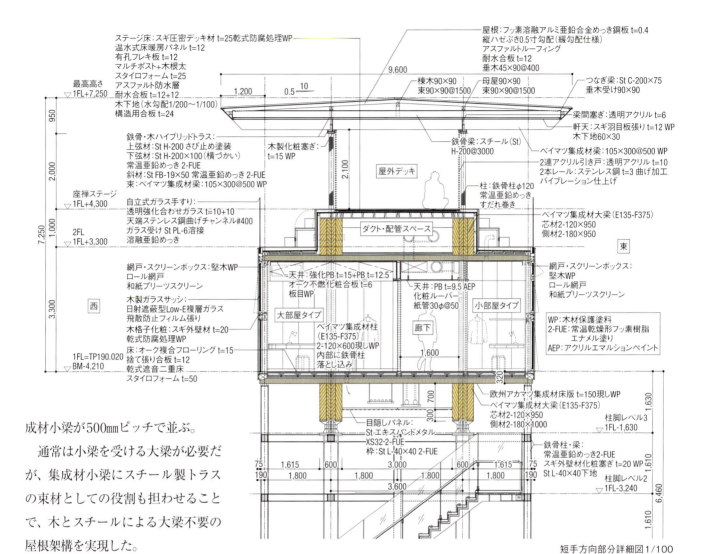

短手方向部分詳細図 1/100

成材小梁が500mmピッチで並ぶ。

通常は小梁を受ける大梁が必要だが、集成材小梁にスチール製トラスの束材としての役割も担わせることで、木とスチールによる大梁不要の屋根架構を実現した。

「大梁があると構造のヒエラルキーが生じて、視覚的に空間が分節されてしまう」と坂氏は説明する。それはつまり、建物の構造によって空間が分節されていると感じるとき、利用者は建築の存在を意識する。

これに対して大梁がないこの建物では、空間が連続して見える。利用者の意識が建物の構造に奪われにくいという考え方だ。

"言われないと気が付かない"ディテールが、建築の存在感を消すことにつながった。

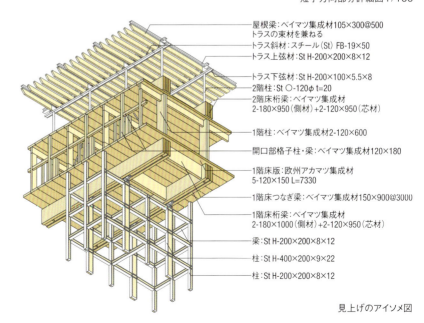

見上げのアイソメ図

宿泊プラン例

1日目	
14:30	チェックイン
	ウエルカムドリンク
15:00	プログラム開始
15:30	禅の体験
16:45	書道・香道・茶道
18:00	禅坊料理
19:30	禅の体験
22:00	就寝

2日目	
6:30	起床
6:45	朝のおつとめ
7:30	禅の体験
8:00	禅坊料理
9:30	宿坊の掃除
10:00	チェックアウト

利用者の声

忙しい日々の生活では、なかなか自分と向き合うことができない。この施設ではゆっくりと自分を見つめ直すことができ、前向きになれた。心も身体も研ぎ澄まされた。

360度大自然の解放感が印象的。鳥の鳴き声や風の音がとても気持ちよかった。禅の体験がこんなに気持ちいいものだとは思わなかった。大変満足した。

建物の中に入ると木の香りがして、外を眺めると目に入ってくるのは、緑の木々。聴こえてくるのは、鳥のさえずり。全てが非日常だった。自分が自然と一体になる感覚、ゆっくりと流れる時間を体験できた。

※パソナグループ提供の利用者アンケートから抜粋

発注者の声

佐藤 晃氏 パソナグループ関西・淡路広報部長

他施設と連携して淡路島を盛り上げる

　当社代表の南部靖之が約7年前から構想していた肝煎りのプロジェクトだ。日常の忙しい生活から離れ、自然の中に身を置くことで、ゆっくり自分と向き合える施設にしたいと考えていた。要望以上の建築が完成したと感じる。

　2022年4月末にオープンし、同年5〜6月はほぼ部屋が埋まった。7〜8月は新型コロナウイルスの感染者が全国で再び急増した影響で一部キャンセルが出たものの、予約は着実に増えており好調だ。

　利用者の属性を調査したところ、全体では40代女性の割合が多いことが分かった。この施設のコンセプトに共感してもらえたのだろう。

　宿泊プランは利用者の約3割を会社役員と経営者が占める。最近はウェルビーイングに力を入れる企業が団体で利用するケースが目立つ。住宅会社やIT（情報技術）企業、医療法人などがほぼ貸し切りで利用した。今後は海外からの利用客を増やしたい。

　最大利用人数は宿泊プランで23人、日帰りで27人と少ない。当社の他の施設も利用してもらうなど連携することで、淡路島を盛り上げたい。（談）

禅坊 靖寧

■**所在地**：兵庫県淡路市 ■**主用途**：宿泊施設 ■**地区・地域**：都市計画区域内非線引き区域 ■**建蔽率**：24.76%（許容60%） ■**容積率**：32.92%（許容200%） ■**前面道路**：北10.40m ■**駐車台数**：10台 ■**敷地面積**：2983.04m² ■**建築面積**：738.85m² ■**延べ面積**：982.15m² ■**構造**：木造・鉄骨造（地上部分）、鉄筋コンクリート造（地下部分） ■**階数**：地下1階・地上2階 ■**耐火性能**：その他建築物 ■**各階面積**：地下1階136.51m²、地上1階597.69m²、2階247.95m² ■**基礎・杭**：ベタ基礎（一部、地盤改良あり） ■**高さ**：最高高さ15.67m、軒高15.33m、階高3.30m（地上1階ラウンジ・客室：2.90m、ほか：2.40m） ■**主なスパン**：3.00×3.60m ■**発注者**：パソナグループ ■**設計・監理者**：坂茂建築設計 ■**設計協力者**：樅建築事務所、ホルツストラ（構造）、知久設備計画研究所（設備）、ライティングM（照明）、アイスケイプ（ランドスケープ、フェーズ1）、SAHAランドスケープ設計事務所（ランドスケープ、フェーズ2） ■**施工者**：前田建設工業 ■**施工協力者**：堀川忠義商店（空調、衛生）、ウシオ電気（電気）、独歩園、鈴木造園（造園） ■**運営者**：awajishima resort ■**設計期間**：2018年10月〜20年11月 ■**施工期間**：2020年11月〜22年3月 ■**開業日**：2022年4月29日

第 5 章
兵庫

著 者 一 覧

1 関西最前線

川又 英紀、奥山 晃平＝NXT／NA（NXT「総事業費6000億円『グラングリーン大阪』、うめきた公園や大屋根スペース先行開業」）

奥山 晃平（NXT「『グラングリーン大阪』南館が25年3月21日開業、駅前に温浴施設誕生」）

奥山 晃平（NXT「安藤忠雄氏監修のうめきた公園地下施設が初公開、『グラングリーン大阪』先行開業間近」）

川又 英紀（NXT「23年3月に拡大開業する大阪駅、特急が経由するうめきた地下ホームに顔認証改札機」）

川又 英紀（NA2023年10月12日号特集「驚きの新感覚ホテル、京都・大阪でしのぎを削るアジア系と欧米系のホテル競争」）

川又 英紀（NXT「京都の元新道小学校跡地を活用、隈研吾氏監修のホテルや歌舞練場を25年夏開業へ」）

川又 英紀（NXT「万博のオランダ館に『太陽』、浅沼組が球体と波形ファサードに日蘭チームで挑む」）

川又 英紀（NA2024年7月11日号特集「木造の吸引力、藤本壮介氏に4つの質問」）

川又 英紀（NXT「竹中工務店工区の万博大屋根上棟、オフサイト施工や部材のJIT搬入で2カ月前倒し」）

川又 英紀（NXT「万博大屋根の大林組工区も1カ月半前倒し上棟、福島産材を地元加工して適時輸送」）

川又 英紀（NXT「夢洲の大阪灯台から大屋根の進捗探る、開幕まで300日切った万博会場の姿」）

奥山 晃平（NAニュース時事「大阪IRの実現は『ほぼ確実』に」）

2 大阪・関西万博

川又 英紀、奥山 晃平（NA2024年8月22日号特集「万博パビリオンの現在地」）

川又 英紀（NXT「飯田GHDの『西陣織パビリオン』は万博に咲く花、曲面だらけの鉄骨フレームと膜材」）

川又 英紀（NXT「万博『電力館』は傾いた銀色タマゴ、割れ目から見える黒い鉄骨構造は大迫力」）

川又 英紀（NXT「パソナの万博『アンモナイト館』、巻き貝や化石をスキャンしたらせん施設は移築前提」）

奥山 晃平（NXT「三角形の連なりを覆う銀膜、万博『ガスパビリオン』が涼しいのはお化けの仕業か」）

川又 英紀（NXT「万博のパナソニック館『ノモの国』初公開、外装の膜材は竣工直前に取り付け」）

川又 英紀（NXT「万博会場の夢洲に吹く海風と夜の暗闇、パナ館が外装膜の風洞実験と照明テスト」）

川又 英紀（NXT「仮設材で仕上げた『地上に浮かぶパビリオン』、万博の三菱未来館は建物の下に空洞」）

川又 英紀（NXT「NTTの万博パビリオン詳細判明、小さな布と糸のような炭素繊維ワイヤの集合体」）

奥山 晃平（NXT「ヒノキとスギで覆う万博パビリオン『住友館』、グループの母なる別子銅山イメージ」）

川又 英紀（NAニュースプロジェクト「竹、CFRP、紙管の万博パビリオン」）

川又 英紀（NXT「万博パビリオンで17mガンダムの『上頭式』、バンダイナムコが宇宙の暮らし展示」）

川又 英紀（NAニュースプロジェクト「万博パビリオン『クラゲ館』の詳細明らかに」）

川又 英紀（NAニュースプロジェクト「河瀬直美氏の万博テーマ館は廃校を活用」）

川又 英紀（NXT「大阪湾の海水練りコンクリート採用、万博『河森正治館』は2.4mキューブを積層」）

川又 英紀（NXT「落合陽一氏の万博パビリオン『ヌルヌル』、風景ゆがむ世界初のミラー膜材が完成間近」）

川又 英紀、奥山 晃平（NXT「滝の水膜に覆われた真っ黒な万博パビリオン『石黒浩館』、長谷工が建物を引き渡し」）

川又 英紀（NXT「屋根も壁もないSANAA設計の天蓋パビリオン、万博『宮田裕章館』は森にアートや虹」）

川又 英紀（NXT「福岡伸一氏の万博パビリオン『いのち動的平衡館』、サスペンション膜構造のうねる屋根」）

川又 英紀（NXT「万博パビリオン『小山薫堂館』は隈研吾氏設計の茅ぶき屋根、5カ所の産地から調達」）

奥山 晃平（NXT「万博の大阪パビリオンは鳥の巣の膜屋根に水流、アトリウムには2重らせんの大柱」）

奥山 晃平（NXT「CLTパネルが囲む万博『日本館』、命の循環を円形配置の木材で表現」）

川又 英紀（NXT「ドバイから大阪へ万博パビリオンの部材リユース、外装の再構成は超難解パズル」）

奥山 晃平（NXT「黄金の円形屋根は太陽の塔を意識、伊東豊雄氏が現在と過去の万博を語る」）

奥山 晃平（NXT「万博会場から海に向かって延びる帯状スラブ、平田晃久氏ら設計のナショナルデー会場」）

川又 英紀（NXT「『残念石』が京都から大阪・夢洲へ、万博に巨石建造物のような大迫力のトイレ出現」）

川又 英紀（NXT「万博で休憩所やトイレなど設計した若手20組、建築概要や最新パースを一挙公開」）

奥山 晃平（NXT「万博会場の最寄り『夢洲駅』が25年1月19日に前倒し開業、大阪駅から電車で約30分」）

山﨑 颯汰＝NXT／NA（NAニュース時事「万博協会がメタンガス爆発事故で安全対策、ガスの侵入抑制や排出・監視を強化」）

奥山 晃平（NAニュース時事「万博の防災実施計画が明らかに、『夢洲孤立』時は大屋根などに滞在、地震や台風を想定」）

3 大阪

川又 英紀、奥山 晃平（NA2024 年 9 月 26 日号トピックス「グラングリーン大阪、うめきた公園など先行開業」）

中東 壮史＝ NXT ／ NA（NA ニュースプロジェクト「JR 大阪駅直結の超高層『イノゲート大阪』、2024 年秋開業予定」）

川又 英紀（NA2024 年 10 月 24 日号トピックス「旧局舎生かす『ＫＩＴＴＥ大阪』、ＪＰタワー大阪内に旧中央郵便局を曳き家」）

松浦 隆幸＝ライター（NA2022 年 5 月 26 日号フォーカス建築「大阪梅田ツインタワーズ・サウス、木立のような建築で街に活力」）

川又 英紀（NA2024 年 11 月 14 日号トピックス「ONE DOJIMA PROJECT、タワマンと高級ホテルが合体」）

川又 英紀（NXT「大阪・堂島に分譲マンションとホテル合体タワーがもう 1 棟、三井不グループが 27 年開業」）

川又 英紀（NA2022 年 3 月 24 日号フォーカス建築「大阪中之島美術館、黒箱を貫く立体パッサージュ」）

川又 英紀（NA2022 年 7 月 28 日号フォーカス建築「藤田美術館、展示室前をガラス張りで開く」）

伊藤 威＝日本経済新聞社（NA2024 年 1 月 25 日号特集「プロジェクト予報 2024、梅田や御堂筋で高層ビル続々」）

中東 壮史（NXT「大阪の 150m タワー『淀屋橋ステーションワン』、25 年 5 月の竣工目指す駅上現場」）

川又 英紀（NXT「大阪三菱ビル跡地に 143m『大阪堂島浜タワー』、最上階にカンデオホテルズの露天風呂」）

川又 英紀（NXT「大阪・御堂筋の象徴『ガスビル』、モダニズム建築の保存改修と 33 階建ての西館新設」）

川又 英紀（NXT「大阪・心斎橋の交差点にエリア最大級ビル、ヒューリックと竹中工務店、パルコなど協業」）

川又 英紀（NA2024 年 2 月 8 日号フォーカス建築「東京建物三津寺ビルディング、寺院取り込む高層ホテル」）

山本 恵久＝ライター（NA2024 年 7 月 11 日号フォーカス建築「茨木市文化・子育て複合施設おにクル、『立体公園』型で大胆に複合」）

奥山 晃平（NXT「30 年開業の新『大阪マルビル』は円筒形を継承、192m タワーを大和ハウスが開発」）

川又 英紀（NXT「解体進む『大阪マルビル』見納め、大和ハウスが万博のバス発着場に敷地貸し出し」）

4 京都

川又 英紀（NA2024 年 10 月 10 日号フォーカス建築「シックスセンシズ京都、段違いの庭が連続するホテル」）

川又 英紀（NA2023 年 10 月 12 日号特集「驚きの新感覚ホテル、激戦地の京都にタイの新風」）

山﨑 颯汰（NXT「京都中心部のホテル跡地に 300 室超えの『ヒルトン京都』、24 年秋開業へ」）

川又 英紀（NXT「京都・祇園進出の帝国ホテル、新素材研究所の榊田倫之氏が内装デザイン」）

川又 英紀（NXT「任天堂の旧本社社屋ホテル『丸福樓』4 月 1 日開業、90 年前の建築様式や内装を残す」）

川又 英紀（NXT「隈研吾氏デザインのホテル『バンヤンツリー・東山 京都』開業、竹林との境に能舞台」）

山﨑 颯汰（NXT「任天堂が京都に『ニンテンドーミュージアム』開業、工場改修してゲームの歴史伝承」）

川又 英紀（NXT「チームラボが京都駅東南部にアートミュージアムやギャラリー開設へ、市有地 60 年利用」）

長井 美暁＝ライター（NA2020 年 6 月 11 日号フォーカス建築「京都市美術館、保存と活用の難題を両立」）

5 兵庫

山本 恵久（NA2024 年 9 月 26 日号フォーカス建築「神戸須磨シーワールド・須磨海浜公園、神戸須磨の水族館と公園刷新」）

星野 拓実＝ NXT ／ NA（NA2022 年 9 月 22 日号フォーカス建築「禅坊 靖寧、緑に浮かぶ木造座禅道場」）

＊上記の初出記事を加筆・再編集して本書を構成した。執筆者名の後ろは本書発行時点の所属。上記以外の記事は川又英紀が書き下ろした。

＊ NXT はネット媒体「日経クロステック（https://xtech.nikkei.com/）」、NA は建築雑誌「日経アーキテクチュア」を示す。

関西大改造 2030
万博を機に変わる大阪・京都・兵庫

2024年12月23日　　第1版第1刷発行
2025年 4月 1日　　第1版第2刷発行

著者　　川又 英紀 ほか
編者　　日経クロステック
　　　　日経アーキテクチュア
発行者　　浅野 祐一
発行　　株式会社日経BP
発売　　株式会社日経BPマーケティング
　　　　〒105-8308 東京都港区虎ノ門4-3-12
制作　　松川 直也（株式会社日経BPコンサルティング）
印刷・製本　　TOPPANクロレ株式会社

ISBN978-4-296-20692-6
©Nikkei Business Publications, Inc. 2024 Printed in Japan

本書の無断複写・複製（コピーなど）は著作権法上の例外を除き、禁じられています。購入者以外の第三者
による電子データ化および電子書籍化は、私的使用を含め一切認められておりません。
本書籍に関するお問い合わせ、ご連絡は下記にて承ります。
https://nkbp.jp/booksQA